P. R. Davara
Rofil R. Bhanvadiya
Prakash M. Sirwani

Desenvolvimento de um produto snack extrudido que incorpora pasta de cenoura

P. R. Davara
Rofil R. Bhanvadiya
Prakash M. Sirwani

Desenvolvimento de um produto snack extrudido que incorpora pasta de cenoura

Produção de produtos de snacks extrudidos mistos de cenoura

ScienciaScripts

Cover image: www.ingimage.com

This book is a translation from the original published under ISBN 978-620-2-31649-1.

Publisher:
Sciencia Scripts
is a trademark of
Dodo Books Indian Ocean Ltd. and OmniScriptum S.R.L publishing group

120 High Road, East Finchley, London, N2 9ED, United Kingdom
Str. Armeneasca 28/1, office 1, Chisinau MD-2012, Republic of Moldova, Europe
Printed at: see last page
ISBN: 978-620-7-95947-1

RECONHECIMENTO

gostaríamos de estender a nossa gratidão às muitas pessoas que ajudaram a concretizar este projeto de investigação. Em primeiro lugar, agradecemos sinceramente ao Dr. P. F. davara, Professor Assistente, Departamento de Processamento e Engenharia Alimentar, Faculdade de Engenharia e Tecnologia Agrícola, Universidade Agrícola de Junagadh, Junagadh, por nos ter orientado e disponibilizado o seu valioso tempo e conselhos. Estamos-lhe gratos pelos seus esforços adicionais e por ter sido paciente connosco.

A tie expressa a nossa sincera gratidão ao Dr. ti. R. Qontia, Diretor^ e ao Prof. d. M. tiyas, Professor e Chefe do Departamento de Processamento e Engenharia Alimentar, Faculdade de Engenharia e Tecnologia Agrícola, Universidade Agrícola de Junagadh, Junagadh, por disponibilizarem as instalações necessárias para a execução do trabalho de laboratório do projeto.

Esta investigação é dedicada ao Deus omnipotente que está em todo o lado. Também temos a mais sincera gratidão e reverência a Deus.

As nossas palavras não deixam margem para expressar a nossa gratidão para com os nossos queridos pais por estarem presentes sempre que necessário. As suas bênçãos e o seu amor são a fonte do nosso espírito em cada momento.

Estamos gratos aos nossos colegas Phavesh donda, Ravi Rhanderi, Phargav Rindarhhedia, tihgs tiebhnani e 'tiiang ZaCavadiya que nos ajudaram a realizar o nosso projeto.

15 de fevereiro de 2018
Junagadh

(Bhanvadiya Rofil R.)

(Sirwani Prakash M.)

RESUMO

O grão de milho é amplamente utilizado para a preparação de amido de milho, xarope de milho, óleo de milho, dextrose, flocos de milho, snacks extrudidos, etc. Os aperitivos extrudidos são um segmento em crescimento do mercado à base de milho. A tecnologia de cozedura por extrusão é utilizada na indústria alimentar para a produção de vários tipos de géneros alimentícios, tais como aperitivos, cereais instantâneos, alimentos para bebés, cereais de pequeno-almoço, proteína vegetal texturizada, pão estaladiço, etc. A cozedura por extrusão é um processo de curta duração, alta temperatura e alto cisalhamento. Normalmente, o material alimentar amiláceo granulado e seco é introduzido no cilindro da extrusora, onde é forçado por parafusos em espiral rotativos a partir de um pequeno orifício. À medida que o produto sai do molde, normalmente a cerca de 120 °C, a água residual no amido derretido expande-se em vapor, formando uma espuma estaladiça de baixa densidade. O processo de extrusão é efectuado em dispositivos conhecidos como extrusoras. Os produtos sofrem gelatinização do amido, pelo que os extrudados já estão pré-cozinhados e não necessitam de cozedura adicional.

A geometria da extrusora, as condições do processo e a composição da mistura alimentar interagem para provocar várias modificações físicas, químicas e nutricionais dos constituintes alimentares. A prevenção ou redução da destruição de nutrientes, juntamente com melhorias na digestibilidade do amido ou das proteínas, é claramente importante na maioria das aplicações de extrusão. Os resíduos de frutas e legumes são baratos, disponíveis em grandes quantidades, caracterizados por um elevado teor de fibra alimentar resultante de uma elevada capacidade de ligação à água e de uma matéria orgânica digerível por enzimas relativamente baixa. A cenoura é um vegetal de raiz, geralmente de cor laranja, roxa, vermelha, branca ou amarela, com uma textura estaladiça quando fresca. É uma fonte rica de caroteno e contém outras vitaminas, como a tiamina, a riboflavina, a vitamina do complexo B e minerais. Tendo em conta estes factos, o presente trabalho de investigação foi realizado para normalizar a tecnologia do processo de extrusão de snacks à base de milho com adição de pedaços de cenoura.

O processo de extrusão é efectuado na extrusora de duplo parafuso do laboratório BTPL. A farinha é incorporada com a pasta de cenoura pesada de acordo com o nível mencionado pelo software. Ambas são bem misturadas e peneiradas. Esta mistura é então introduzida no alimentador da máquina de extrusão. A temperatura do tambor e a temperatura do alimentador foram mantidas constantes durante todo o processo, enquanto a temperatura da matriz e a velocidade do parafuso foram alteradas de acordo com o tratamento mencionado. O produto extrudido foi depois recolhido e seco num secador de tabuleiro de laboratório.

As caraterísticas físicas e da máquina, nomeadamente o binário da máquina, o caudal mássico, o teor de humidade (%w.b.), o índice de absorção de água, o índice de solubilidade da água, a capacidade de absorção de óleo, a densidade aparente, a densidade real, a taxa de reidratação, a taxa de expansão e a capacidade de retenção de água dos produtos extrudidos de cada tratamento são determinadas de acordo com as técnicas e os procedimentos normalizados. Os produtos foram também avaliados quanto às suas caraterísticas sensoriais, nomeadamente o aspeto, o sabor, a dureza, a mastigação e a aceitabilidade global, de acordo com o método da escala hedónica de 9 pontos. A metodologia de superfície de resposta (RSM) foi utilizada na conceção da experiência para estudar o efeito combinado da temperatura da matriz, da velocidade do parafuso e do nível de cenoura em diferentes variáveis e criar modelos entre variáveis.

As condições óptimas de tratamento foram as seguintes: temperatura da matriz de 113 °C, velocidade do parafuso de 267 rpm e nível de cenoura de 13,5%. A análise mostrou que, com esta combinação de temperatura do molde, velocidade do parafuso e nível de cenoura, seria possível produzir um produto extrudido com um caudal mássico de 2,02 g/seg., teor de humidade de 6,27% (w.b.), índice de absorção de água de 5,47 g/g, índice de solubilidade em água de 23,99%, capacidade de absorção de óleo de 0.98 g/g, densidade aparente de 87,82 kg/m3, densidade real de 590,32 kg/m3, rácio de reidratação de 4,55, rácio de expansão de 4,51, capacidade de retenção de água de 394,66, pontuação de sabor de 6,60, pontuação de aparência de 7,94, pontuação de dureza de 7,36, pontuação de mastigabilidade de 7,00 e pontuação de aceitabilidade global de 7,69 com uma desejabilidade de 0,709.

ÍNDICE

LISTA DE UNIDADES, SÍMBOLOS E ABREVIATURAS

Units / Symbols		
%	:	Percent
&	:	And
°C	:	Degree centigrade
g	:	Gram
sec	:	Second
kg	:	Kilogram
m	:	Meter
ml	:	Milliliter
mm	:	Millimeter
rpm	:	Revolution per minute
w/w	:	Weight by weight

Abbreviations		
Adj.	:	Adjusted
Agril.	:	Agricultural
ANOVA	:	Analysis of Variance
B.C.	:	Before Christ
B. Tech.	:	Bachelor of Technology
C.A.E.T.	:	College of Agricultural Engineering and Technology
C.V.	:	Coefficient of Variance
dia.	:	Diameter
ER	:	Expansion ratio
et al.	:	and others
etc.	:	et cetera
Fig.	:	Figure
i.e.	:	that is
JAU	:	Junagadh Agricultural University
MFR	:	Mass flow rate
m.c.	:	Moisture content

No.	:	Number
NS	:	Non significant
OAC	:	Oil absorption capacity
pH	:	Potential of Hydrogen
p.	:	Page
pp.	:	Pages
Pred.	:	Predicted
Pvt. Ltd.	:	Private Limited
RR	:	Rehydration ratio
Rs.	:	Rupees
RSM	:	Response Surface Methodology
Sr. No.	:	Serial Number
T	:	Time
T	:	Temp.
USA	:	United State of America
viz.	:	Namely
Vol.	:	Volume
w	:	Weight
WAI	:	Water absorption index
WHC	:	Water holding capacity
WSI	:	Water solubility index
w.b.	:	Wet basis

CAPÍTULO 1

INTRODUÇÃO

O milho (*Zea Mays* L.) é a principal cultura do mundo, domesticada pela primeira vez por povos indígenas no sul do México há cerca de 10.000 anos (pertence à família Graminaceae, IITA, 2005) e é amplamente cultivado como cereal que foi domesticado na América Central. O caule frondoso da planta produz pólen separado e espigas, que são frutos, produzindo grãos ou sementes. Na América e na Índia, é designado por milho. Além disso, o milho tem muitos tipos, como o grão normal amarelo/branco, o milho doce, o milho para bebés, o milho para pipocas, o milho ceroso, o milho com elevado teor de amilase, o milho com elevado teor de óleo, o milho com proteínas de qualidade, etc.; o milho é uma matéria-prima industrial importante e oferece grandes oportunidades de valor acrescentado. A nível mundial, é cultivado em mais de 160 milhões de hectares em 166 países com uma grande diversidade de solos, clima, biodiversidade e práticas de gestão. O milho é cultivado tanto (como milho doce) para consumo humano como (como milho de campo) para outras utilizações, como a alimentação animal e os biocombustíveis. Ao contrário dos países desenvolvidos, o milho tem percentagens consideráveis de produção para consumo alimentar nos países em desenvolvimento. Na Índia, o milho é o terceiro cereal alimentar mais importante, a seguir ao trigo e ao arroz. Na Índia, cerca de 28% do milho produzido é utilizado para fins alimentares, cerca de 11% como alimento para animais, 48% como alimento para aves de capoeira, 12% na indústria de moagem húmida (por exemplo, produção de amido e óleo) e 1% como semente (AICRP sobre o milho, 2007). A área, a produção e o rendimento do milho, por ano e por estado, são apresentados nos Apêndices - A e B (Anónimo, 2016).

O grão de milho é amplamente utilizado para a preparação de amido de milho, xarope de milho, óleo de milho, dextrose, flocos de milho, snacks extrudidos, etc. Existem inúmeras variedades de produtos alimentares à base de milho, tais como milho tufado, batatas fritas de milho, sopas de milho, bebidas de milho, nozes de milho, pipocas, etc., que são consumidos pela população. Os aperitivos extrudidos são um segmento crescente do mercado à base de milho (Mian Riaz, 2006). O milho/grão de milho é um dos materiais mais populares utilizados na produção de alimentos cozinhados por extrusão (Jurga, 2012; Naz *et al.*, 2005). A tecnologia de extrusão-cozedura é utilizada na indústria alimentar para a produção de vários tipos de alimentos, tais como snacks, cereais instantâneos, alimentos para bebés, cereais de pequeno-almoço, proteína vegetal texturizada, pão estaladiço, etc. (Harper 1981; Mercier *et al,*. 1998; Mitrus *et al.*, 2011, Moscicki *et al.*, 2007; Sing *et al., 2007).*

Os produtos expandidos, como os snacks e os cereais de pequeno-almoço, são atualmente muito populares devido à sua textura estaladiça, que resulta da estrutura em favo de mel conferida ao material durante a extrusão (Barrett e Peleg, 1992).

A cozedura por extrusão é um processo de curta duração, alta temperatura e alto cisalhamento. Normalmente, o material alimentar seco e granulado com amido é introduzido no barril da extrusora onde é forçado por parafusos em espiral rotativos a partir de um pequeno orifício. À medida que o produto sai do molde, normalmente a cerca de 120 ° C, a água residual no amido derretido expande-se em vapor, formando uma espuma estaladiça de baixa densidade. A extrusão é um processo ideal que é utilizado para fabricar uma vasta gama de snacks e produtos de cereais de pequeno-almoço (Singh *et al.*, 2007; Chaiyakul *et al.*, 2008). O processo de extrusão é efectuado em dispositivos conhecidos como extrusoras. Os produtos sofrem gelatinização do amido, pelo que os extrudados já estão pré-cozinhados e não necessitam de cozedura adicional. O processo de extrusão permite a utilização de matérias-primas com uma vasta gama de granulação. Através de uma combinação de parâmetros de processo e da utilização de uma variedade de receitas, é possível obter uma série de produtos com propriedades específicas (Wojtowicz, 2008).

A geometria da extrusora, as condições do processo e a composição da mistura alimentar interagem para provocar várias modificações físicas, químicas e nutricionais dos constituintes alimentares (Harper, 1981). Embora o amido de milho forneça todas as caraterísticas para a produção de snacks extrudidos altamente aceitáveis, o seu valor nutricional está longe de satisfazer as necessidades dos consumidores preocupados com a saúde (Rampersad *et al.*, 2003). A prevenção ou redução da destruição de nutrientes, juntamente com melhorias na digestibilidade do amido ou das proteínas, é claramente importante na maioria das aplicações de extrusão. A preocupação nutricional com a cozedura por extrusão atinge o seu nível mais elevado quando a extrusão é utilizada especificamente para produzir alimentos nutricionalmente equilibrados ou enriquecidos, como alimentos de desmame, alimentos dietéticos e substitutos de carne (Cheft el, 1986; Plahar *et al.*, 2003).

Atualmente, os consumidores estão cada vez mais conscientes do conceito de conveniência e de alimentos saudáveis. Devido às mudanças nos estilos de vida, no estatuto económico e nas questões de saúde, espera-se que os alimentos respondam a muitos desafios da vida. As pessoas estão a optar por alimentos que não só previnem as carências nutricionais, mas também oferecem uma prevenção a longo prazo das doenças crónicas. Esta mudança de visão e de perceção dos alimentos está a influenciar fortemente os padrões de consumo. O processo de extrusão oferece aos cientistas alimentares uma paleta de condições e ingredientes a partir dos quais podem ser criados novos alimentos para responder a todas as novas tendências de consumo alimentar. O processo tem encontrado numerosas aplicações, incluindo um número crescente de cereais prontos a consumir; snacks salgados e doces; snacks co-extrudidos; produtos indiretamente expandidos; croutons para sopas e saladas; uma gama crescente de alimentos secos para animais de estimação e peixes; materiais texturizados semelhantes à carne a partir de farinhas desengorduradas com elevado teor de proteínas; misturas nutritivas de alimentos pré-cozinhados para alimentação infantil; e produtos de confeitaria (Harper, 1989).Embora menos comum em formulações de extrusão, a fruta tem a capacidade de promover a saúde do consumidor através dos seus componentes nutricionais, como a fibra (fibras solúveis e insolúveis), antioxidantes e vitaminas. As condições de processamento optimizadas podem ser desenvolvidas com base nestes parâmetros nutricionais.

Os resíduos de frutas e legumes são baratos, estão disponíveis em grandes quantidades, caracterizam-se por um elevado teor de fibra alimentar resultante de uma elevada capacidade de ligação à água e de uma matéria orgânica digerível por enzimas relativamente baixa (Serena e Knudsen, 2007). Vários investigadores utilizaram subprodutos de frutos e vegetais, tais como maçã, pera, laranja, pêssego, groselha, cereja, alcachofra, espargos, cebola, bagaço de cenoura (Grigelmo-Miguel e Martin-Belloso, 1999; Ng *et al*, 1999; Nawirska e Kwasnievska, 2005) como fontes de suplementos de fibra dietética em alimentos refinados. A cenoura (*Daucuscarota*) é um vegetal de raiz, geralmente de cor laranja, roxa, vermelha, branca ou amarela, com uma textura estaladiça quando fresca. É uma fonte rica de caroteno e contém outras vitaminas, como a tiamina, a riboflavina, a vitamina do complexo B e minerais (Walde *et al.*, 1992).

Objectivos:

Desenvolver um produto extrudido adicionado de pedaços de cenoura.

Estudar o efeito de parâmetros operacionais e de alimentação em diferentes parâmetros de qualidade e sensoriais de produtos extrudidos adicionados de pedaços de cenoura.

Otimizar os parâmetros do processo de preparação de produtos extrudidos com pedaços de cenoura.

CAPÍTULO 2

REVISÃO DA LITERATURA

A literatura relacionada com a origem do milho, a sua composição, os pormenores relativos ao processo de extrusão, o efeito de vários parâmetros na cozedura por extrusão, as caraterísticas químicas da cenoura e a utilização de frutos e legumes na produção de produtos extrudidos foram amplamente revistos e o resumo da informação relacionada com o presente estudo é apresentado aqui.

2.1Origem do milho

O milho, também conhecido como milhos, é a cultura mais amplamente distribuída no mundo. É cultivado nas regiões tropicais, subtropicais e temperadas até 500 e desde o nível do mar até 4000 m. Todas em condições de regadio ou semi-áridas. Existe uma enorme escolha de variedades com maturação de 85 dias a mais de 200 dias, com variabilidade na cor e textura do grão, etc. No que respeita à área e à produção, o milho ocupa o terceiro lugar na produção mundial (380 MT de 120 MH), a seguir ao trigo (440 MT de 240 MH) e ao arroz (420 MT de 140 MH). Isto representa 24% da produção total de cereais, em comparação com 27% para o trigo e 25% para o arroz (Anónimo, 2017).

Mais de setenta países (incluindo 15 desenvolvidos e 58 em desenvolvimento) produzem milho com mais de 1 000 000 ha. A Indonésia, as Filipinas, a França, a Roménia, a Jugoslávia e a URSS são os outros principais países produtores de milho. O milho é um cereal importante em muitos países desenvolvidos e em desenvolvimento do mundo. É amplamente utilizado para alimentação animal e matéria-prima industrial nos países desenvolvidos, enquanto os países em desenvolvimento o utilizam em geral para alimentação animal (Anónimo, 2017).

O milho é um cereal importante da Índia e é cultivado em mais de 4% da área líquida semeada do país. Na agricultura indiana, o milho ocupa uma posição de destaque e cada parte da planta de milho é utilizada para um ou outro fim, não havendo desperdício. Entre as culturas cerealíferas da Índia, o milho, com uma produção anual de cerca de 10 milhões de toneladas, cobrindo 6 milhões de hectares, ocupa o quinto lugar em termos de área, a seguir ao arroz, trigo, jowar e bajra, e o quarto lugar em termos de produção, enquanto em termos de produtividade ocupa o terceiro lugar. A cultura do milho na Índia é caracterizada pela intercultura, ou seja, juntamente com leguminosas, legumes e sementes oleaginosas. O milho é principalmente uma cultura de sequeiro da kharif, semeada imediatamente antes do início da monção e colhida após a retirada da monção. Na Índia, os Estados produtores de milho são U.P., Bihar, Rajasthan, Madhya Pradesh e Punjab. Em Gujarat, os distritos de Mahsana, Banaskantha, Rajkot e Kheda, nos vales dos rios Sabarmati e Mahi, são os principais produtores e, em conjunto, contribuem com mais de 55% da produção do Estado (Anónimo, 2017).

Devido à sua distribuição mundial e ao seu preço relativamente baixo, o milho tem uma gama mais vasta de utilizações. É utilizado diretamente para consumo humano, na transformação industrial de alimentos, como alimento para animais vivos e em produtos industriais não alimentares, como amidos, ácidos e álcoois. Recentemente, tem havido interesse em utilizar o milho para a produção de etanol, um substituto dos combustíveis derivados do petróleo. Na maioria dos países em desenvolvimento, o milho é consumido diretamente como alimento. Na Índia, mais de 85% da produção de milho é utilizada como alimento. As formas mais utilizadas são: (1) Chapattis (2) papas de várias formas (iii) espigas verdes cozidas ou assadas (iv) alimentos para o pequeno-almoço, como flocos de milho e (v) pipocas. Nas categorias iii) e v), as variedades de milho doce e pipoca são especialmente cultivadas nos EUA e na Europa.

2.2Estrutura do milho

Os grãos de milho são os frutos do milho. O grão de milho é constituído por um pericarpo (parede do fruto) fundido com o invólucro da semente. Um grão de milho é envolvido por uma casca exterior fibrosa e resistente (farelo). No seu interior encontra-se o gérmen, ou embrião, a partir do qual se desenvolve a nova planta. À volta do gérmen existe uma fonte de alimento chamada endosperma. O endosperma é composto maioritariamente por amido, que armazena a energia do milho, e por proteínas para a germinação. É o amido que é utilizado para produzir combustível. O pericarpo é o revestimento exterior que protege o grão e preserva os nutrientes no seu interior. O pericarpo resiste à água e ao vapor de água e protege contra os insectos e os microrganismos. O organismo vivo no interior do grão é o gérmen. Cerca de 25% do gérmen é óleo de milho e é uma parte valiosa do grão. A tampa da ponta é onde o grão está ligado à espiga, e a água e os nutrientes fluem através da tampa da ponta (Wayne Smith, 2004).

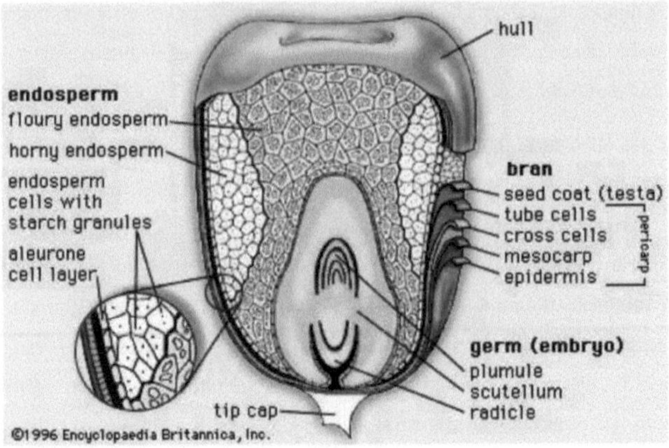

Fig. 2.1 As camadas exteriores e as estruturas internas de um grão de milho (Fonte: Encyclopedia Britannica, 1996)

2. 3Composição química do milho

A composição química do milho é apresentada no quadro 2.1.

Quadro 2.1 Composição química do milho (Fonte: Shah *et al.*, 2015)

Content	Nutritional value (per 100g)	Content	Nutritional value (per 100g)
Energy	365 kcal	Calcium	10 mg
Carbohydrate	71.88 g	Iron	2.3 mg
Protein	8.84 g	Potassium	286 mg
Fat	4.57 g	Thiamine	0.42 mg
Fiber	2.15 g	Vitamin C	0.12 mg
Ash	2.33 g	Magnesium	139 mg
Moisture	10.23 g	Copper	0.14 mg
Riboflavin	0.10 mg	Sodium	15.9 mg
Amino acids	1.78 mg	Sulphur	114 mg
Minerals	1.5 g	Phosphorus	348 mg

2.4Snack food

Os snacks são alimentos prontos a comer e baratos. Por esse motivo, o consumo de snacks em todos os grupos etários, incluindo adolescentes e crianças, aumentou nos últimos vinte e cinco anos. Os snacks tornaram-se uma parte considerável da ingestão alimentar total dos adolescentes (Sebastian *et al.*, 2008).

Os snacks são os primeiros produtos extrudidos comerciais e, atualmente, os fabricantes de alimentos produzem muitos alimentos e o consumo de alimentos extrudidos tem vindo a aumentar. O novo mercado e a nova tendência de consumo são os snacks. No entanto, os consumidores pensam que os aperitivos não são saudáveis (Guy, 2001).

O snack de milho é popular entre os alimentos extrudidos; no entanto, o snack tem um índice glicémico elevado e não tem valor nutricional suficiente (Conti-Silva *et al.*, 2012; Brennan *et al.*, 2013).

2.5 Extrusão

A extrusão é um processo utilizado para criar objectos com um perfil de secção transversal fixo. Um material é empurrado através de um molde com a secção transversal desejada. A extrusão alimentar é uma forma de extrusão utilizada no processamento de alimentos. É um processo através do qual um conjunto de ingredientes misturados é forçado através de uma abertura numa placa perfurada ou matriz com um desenho específico para o alimento, sendo depois cortado num tamanho especificado por lâminas. A máquina que força a mistura através da matriz é uma extrusora, e a mistura é conhecida como extrudado. A extrusora é constituída por um parafuso rotativo de grandes dimensões que se encaixa firmemente num barril estacionário, na extremidade do qual se encontra a matriz. O processo de cozedura tem lugar no interior da extrusora, onde o produto produz a sua própria fricção e calor devido à pressão gerada (10-20 bar). O processo pode induzir tanto a desnaturação das proteínas como a gelatinização do amido sob algumas condições. Muitos processos de extrusão de alimentos envolvem uma temperatura elevada durante um curto período de tempo (Harper, 1978).

Riaz (2000) referiu que a extrusão proporcionou um meio de fabrico de produtos novos e inovadores e revolucionou muitos processos convencionais de fabrico de snacks. O equipamento de extrusão oferece muitas vantagens básicas de design que resultam na minimização de tempo, energia e custos, ao mesmo tempo que aumenta o grau de versatilidade e flexibilidade que não estava disponível anteriormente.

Os vários tipos de produtos alimentares fabricados por extrusão têm normalmente um elevado teor de amido. Os tipos diretamente expandidos incluem os cereais de pequeno-almoço e os caracóis de milho, e são produzidos a alta temperatura, com baixa humidade e sob alto cisalhamento. Os produtos não expandidos incluem a massa, que é produzida a uma humidade intermédia (cerca de 40%) e a baixa temperatura. Os produtos texturizados incluem os análogos de carne, que são produzidos utilizando proteínas vegetais ("proteína vegetal texturizada") e uma matriz longa para "conferir uma estrutura fibrosa e semelhante à carne ao extrudado" (Karwe e Mukund, 2008).

A extrusão por cozedura de materiais ricos em amido tornou-se uma técnica muito utilizada para obter uma vasta gama de produtos, tais como snacks e cereais de pequeno-almoço (Fast, 1990; Bouzaza *et al.*, 1996).

Os alimentos prontos a consumir (RTE) são cada vez mais populares entre os consumidores, principalmente devido à conveniência do seu consumo e à facilidade de preparação e armazenamento, bem como a factores de atração do consumidor como a conveniência, o valor, a aparência e a textura atractivas (Harper,1981).

A extrusão é um processo muito versátil que combina o tratamento mecânico e o tratamento térmico para produzir produtos com a estrutura e textura desejáveis. Na indústria alimentar humana e animal, o método de cozedura por extrusão tem um custo de processamento mais baixo do que outros métodos de cozedura e tem capacidade de processamento contínuo (Altan *et al.*, 2009).

A alimentação estável e consistente na extrusora é um fator muito importante do processo. Caudais inconsistentes de alimentação resultam na produção de produtos com grande distribuição de tamanho, variedade de textura e má forma. A velocidade do parafuso afecta a distribuição do tempo de residência, o grau de enchimento do barril e a tensão de cisalhamento no material extrudido. O teor de humidade da alimentação situa-se entre 14-20%, sendo normal uma velocidade do parafuso superior a 250 rpm para os cereais prontos a comer, snacks e alimentos para animais de estimação (Frame, 1999).

O aumento da velocidade de rotação do parafuso resulta no aumento da taxa de cisalhamento e na diminuição do tempo de residência (Kokini *et al.*, 1991). A pressão da matriz e o binário do cilindro alteram-se com a velocidade do parafuso. A velocidade mínima do parafuso situa-se na gama de 70-100 rpm; no entanto, o custo do processo de extrusão torna-se elevado para os fabricantes e a capacidade volumétrica é altamente limitada abaixo deste nível (Frame, 1999).

2.6 Extrusoras

Uma extrusora alimentar é um dispositivo que acelera o processo de moldagem e reestruturação de ingredientes alimentares. As extrusoras podem ser utilizadas para cozinhar, formar, misturar, texturizar e moldar produtos alimentares em condições que favoreçam a retenção da qualidade (Riaz, 2000). As extrusoras alimentares (extrusoras-fogões) pertencem à família dos equipamentos HTST (high temperature short time), capazes de realizar tarefas de cozedura sob alta pressão (Moscicki e Zuilichem, 2011). Um extrusor-fogão é um reator de processo, no qual o projetista criou os pré-requisitos com a presença de uma determinada disposição dos parafusos, a utilização de elementos de mistura, as folgas nas aberturas, a potência instalada do motor e a capacidade de aquecimento e cozedura do barril, para controlar uma reação de alimentos e rações

(Van Zuilichem, 1992).

Na década de 1940, foi concebida uma extrusora de parafuso único para produzir aperitivos a partir de grãos ou farinhas de cereais. Para satisfazer a procura crescente de cereais pré-cozinhados, é necessária uma extrusora de maior capacidade; por conseguinte, na década de 1960, foi concebida uma extrusora com uma capacidade de cinco toneladas por hora. Para além disso, foram desenvolvidas numerosas novas aplicações, tais como snacks, alimentação infantil e alimentos para animais de estimação. Na década de 1970, foram produzidos alimentos com dois ou mais componentes. As extrusoras de parafuso duplo começaram a ser utilizadas para o processamento de alimentos no final da década de 1970 (Mercier e Feillet, 1975; Harper, 1979; Linko *et al.*, 1981).

Existem quatro tipos de extrusoras mais utilizados e a escolha da extrusora correta é muito importante para uma extrusão bem sucedida. Estes tipos são as extrusoras húmidas de parafuso simples, as extrusoras secas de parafuso simples, as extrusoras de voo interrompido de parafuso simples e as extrusoras de parafuso duplo (Guy, 2001).

2.6. 1Extrusora de parafuso simples

A extrusora de parafuso único tem sido utilizada desde 1940 na indústria alimentar humana e animal (Guy, 2001). As extrusoras de parafuso único com grandes motores eléctricos foram introduzidas na década de 1940 para fazer snacks a partir de cereais (Kokini *et al.*, 1991).

Os desenvolvimentos das extrusoras de parafuso único ajudam a aumentar a eficiência e a versatilidade. Os produtos comuns produzidos pela extrusora de parafuso único são cereais de pequeno-almoço prontos a comer, snacks de milho expandido diretamente, produção de soja gorda, proteína vegetal texturizada, estabilização de farelo de arroz, panados, alimentos para animais de estimação (Guy, 2001).

O efeito da extrusão-cozedura direta é que, depois de deixar a matriz, o material expande-se rapidamente e os extrudados são estruturalmente semelhantes a um favo de mel, moldado pelos feixes de fibras proteicas fundidas. Neste caso, uma simples extrusora alimentar de parafuso único pode ser utilizada para fabricar vários tipos de produtos, diferentes em forma, cor, sabor e textura (Moscicki, 2007; Guy, 2001). As medições do consumo de energia em extrusoras alimentares de parafuso único situam-se na gama de 0,1-0,2 kWh/kg (Moscicki, 2007).

Estas extrusoras dependem do fluxo de arrastamento para transportar a alimentação através do barril e produzir pressão na matriz. Não se assemelham a uma bomba de deslocamento positivo e são máquinas de fluxo de arrastamento. O grão de milho tem um elevado coeficiente de fricção que resulta na produção de fluxo de arrastamento numa extrusora de parafuso único; por conseguinte, é extrudido a uma pressão elevada na matriz. Os snacks extrudidos e os cereais de pequeno-almoço são produzidos utilizando esta tecnologia (Frame, 1999).

O tambor de parafuso único consiste em três zonas de processamento que são a zona de alimentação que tem um canal profundo, a zona de amassar e a zona de cozedura final. A água e o vapor podem ser injectados na zona de amassadura para fazer massa e aumentar a transferência de calor no cilindro e a viscosidade da alimentação. O material apresenta uma textura borrachosa e entra na zona de cozedura final, que tem roscas de passo curto e raso. Esta zona comprime e bombeia o material plastificado para a matriz. A temperatura e a pressão aumentam rapidamente e atingem o máximo. O produto final, que é o extrudado, expande-se devido à vaporização da humidade, uma vez que sai da matriz a uma pressão mais baixa. A faca colocada na saída corta o extrudado nos comprimentos e formas desejados (Guy, 2001).

A capacidade de mistura da extrusora de parafuso único é fraca; assim, a alimentação é geralmente pré-misturada e pré-condicionada com água antes do processo de extrusão. O pré-condicionamento melhora o processo de extrusão, aproveitando o tempo de equilíbrio mais longo e o nível de humidade mais elevado, prolonga a vida dos componentes de desgaste da extrusora e melhora a qualidade do produto (Guy, 2001).

As extrusoras de parafuso único começaram a ser utilizadas na indústria das massas alimentícias para a produção de produtos do tipo esparguete e macarrão. Em analogia com a indústria química de polímeros, o equipamento de parafuso único foi utilizado aqui principalmente como uma bomba de fricção, actuando mais ou menos como um equipamento de formação contínua a frio, utilizando parafusos do tipo transportador. É notável que, hoje em dia, as massas alimentícias comuns ainda sejam fabricadas com o mesmo equipamento de extrusão de parafuso único. O papel do parafuso é transportar, comprimir, fundir e plastificar o material e forçá-lo sob pressão através de pequenos orifícios na extremidade do barril. A condição necessária para movimentar o material é um caudal adequado e a ausência de aderência à superfície do parafuso. Nas extrusoras alimentares, os efeitos de aderência são evitados pela força de fricção do material contra a parede do cilindro, o que é facilitado por ranhuras adequadas no interior do cilindro (ranhuras longitudinais ou em espiral). As extrusoras alimentares de parafuso único processam materiais relativamente fáceis caracterizados por um elevado coeficiente de atrito, tais como grãos de milho ou de arroz. Estes grãos podem ser extrudidos mesmo sob uma pressão de cerca de 15-20 MPa, e são materiais básicos para a produção de snacks de extrusão direta ou cereais de pequeno-almoço (bolas, anéis, etc.). A principal desvantagem das extrusoras de parafuso único é a fraca mistura do material. Esta mistura deve ser efectuada antes da alimentação. Além disso, as extrusoras de parafuso único apresentam uma eficiência limitada, especialmente quando são utilizadas misturas multicomponentes de matérias-primas. (Moscicki e Zuilichem, 2011).

O movimento positivo suave do material numa extrusora alimentar de parafuso simples depende do fluxo de arrastamento real, causado pela geometria do parafuso e pela sua rotação, menos o chamado refluxo (Jannsen e Smith, 1979; Pinto e Tadmor, 1970).

A primeira grande aplicação comercial da extrusora de parafuso único na indústria de transformação de alimentos foi a conversão de farinha de sêmola em massa utilizando parafusos sólidos. Este processo de formação a baixo cisalhamento e a baixa temperatura começou a ser produzido comercialmente nas décadas de 1920 e 1930, e continua a ser um processo padrão, embora o equipamento tenha sido melhorado (Fast e Caldwell, 2000).

As extrusoras de parafuso simples são máquinas operacionais de baixo custo concebidas para operações simples como a extrusão a seco, formulações simples e processamento de ingredientes agrícolas na exploração. As extrusoras de parafuso único funcionam com baixa humidade e são geralmente autógenas (Wilson e Tribelhorn, 1979).

As matérias-primas são alimentadas sob a forma de grânulos na tremonha situada na secção de alimentação. A ação rotativa do parafuso transporta o material para a secção de transição. Na secção de transição, o canal do parafuso torna-se menos profundo e o material é compactado. A maior parte da energia mecânica é dissipada nesta secção, o que resulta num aumento da temperatura do material. O amido é gelatinizado e o material torna-se mais coeso. É transportado pela secção de dosagem e empurrado através da abertura da matriz. Os barris das extrusoras de parafuso único têm normalmente ranhuras helicoidais ou axiais nas superfícies interiores. Isto ajuda a transportar e a misturar o material de forma mais eficaz (Karwe, 2009).

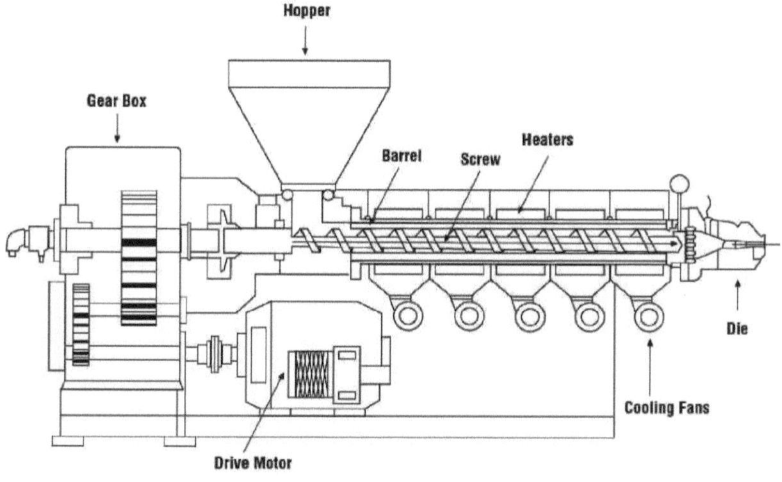

Fig. 2.2 Extrusora de parafuso simples (Fonte: Jannsen, 1979).

2.6.2 Extrusora de parafuso duplo

As extrusoras alimentares de duplo parafuso são muito mais complexas e mais universais em termos de conceção. Ganharam grande popularidade junto dos produtores de alimentos para consumo humano e animal cozinhados por extrusão devido à sua elevada versatilidade (a capacidade de processar uma gama mais vasta de materiais, incluindo materiais viscosos e difíceis de quebrar), ao menor consumo de energia e à capacidade de alargar significativamente a gama de produção. As modernas extrusoras alimentares de duplo parafuso são concebidas de forma a que as matérias-primas possam ser introduzidas na extrusora por mais do que um alimentador, mesmo em locais diferentes do cilindro. Agora os componentes fluidos podem ser alimentados separadamente, o que é uma vantagem adicional (Moscicki e Zuilichem, 2011).

As extrusoras são classificadas de acordo com a direção de rotação e a forma como os parafusos se entrelaçam. Os parafusos co-rotativos que se entrecruzam, que são auto-limpantes (as asas de um parafuso varrem os alimentos do parafuso adjacente) são os mais comuns em aplicações de processamento de alimentos (Harper, 1981).

Uma extrusora com dois parafusos de igual comprimento colocados no tambor é designada por extrusora de duplo parafuso. A extrusora de duplo parafuso foi inicialmente desenvolvida para a indústria dos plásticos. Na indústria alimentar, a sua popularidade verificou-se entre meados da década de 1980 e meados da década de 1990. A procura de produtos alimentares inovadores por parte dos consumidores levou à adoção da extrusora de duplo parafuso para a produção de diferentes alimentos extrudidos (Guy, 2001).

A extrusora de rosca dupla tem três zonas de processamento que são a alimentação, a amassadura e a zona de processamento final, tal como a extrusora de rosca simples (Guy, 2001).

Existem dois tipos de extrusoras de parafuso duplo que são classificadas com base no sentido de rotação do parafuso. São classificadas em extrusoras de duplo parafuso em contra-rotação e extrusoras de duplo parafuso em co-rotação. Estas são também subdivididas em tipos com e sem engrenamento (Guy, 2001).

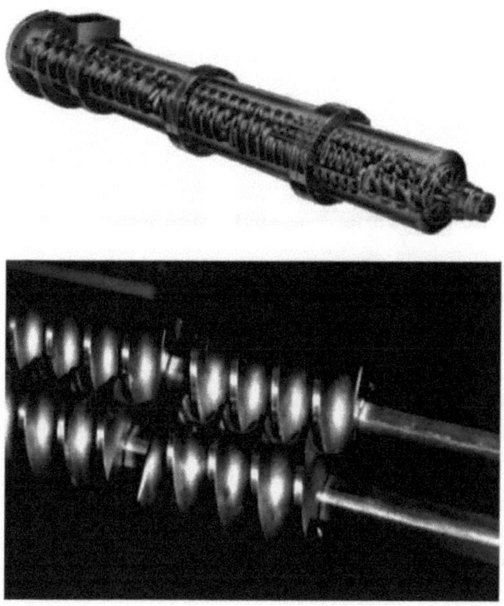

Fig. 2.3 Parafusos duplos típicos (Fonte: Riaz 2006)

2.6.2.1 Extrusora de parafuso duplo em contra-rotação

Os parafusos da extrusora de duplo parafuso contra-rotativa rodam em direcções opostas. Na indústria alimentar, as aplicações da extrusora de duplo parafuso em contra-rotação estão limitadas a sistemas de baixa viscosidade que requerem uma bombagem de deslocamento positivo. Nesta extrusora, pode ser gerada uma pressão elevada; assim, os produtos de cereais expandidos não são produzidos de forma económica. Além disso, o desgaste torna-se muito importante, uma vez que a alta pressão produz grandes forças que desviam os parafusos para as paredes do tambor (Frame, 1999).

2.6.2.2 Extrusora de duplo parafuso co-rotativa

Os parafusos da extrusora de duplo parafuso co-rotante são colocados lado a lado e rodam na mesma direção. O tipo de auto-limpeza desta extrusora é maioritariamente utilizado na indústria alimentar para produzir os diferentes tipos de produtos extrudidos (Guy, 2001). É o dispositivo mais popular entre os fabricantes de produtos alimentares para a conceção de produtos alimentares (Frame, 1999). Este tipo de extrusora é escolhido pela sua elevada capacidade na indústria alimentar (Kokini *et al.*, 1991).

O material é movido de um parafuso para outro em extrusoras co-rotantes (Kokini *et al.*, 1991).

Estas extrusoras são comuns em termos de conceção, sendo totalmente interligadas e auto-limpantes. Trata-se de uma máquina de fluxo de arrastamento semelhante à extrusora de parafuso único. Tem um mecanismo de fluxo formado por uma deslocação positiva e um fluxo de arrastamento (Frame, 1999).

A extrusora de duplo parafuso co-rotativa funciona a uma velocidade de parafuso mais elevada do que a do tipo contra-rotativo (Kokini *et al.*, 1991). Além disso, a extrusora de duplo parafuso co-rotante apresenta melhores distribuições de transporte e menor tempo de residência quando comparada com a extrusora de parafuso simples. Os ingredientes alimentares são movidos de um parafuso para outro. Este tipo de extrusora apresenta a maior flexibilidade durante a produção de uma variedade de alimentos (Frame, 1999).

2.6.3 Extrusora de parafuso duplo vs. parafuso simples

As extrusoras de duplo parafuso são escolhidas entre os produtores devido à sua elevada capacidade de processamento de materiais viscosos e difíceis de quebrar, ao menor consumo de energia e à produção de produtos alimentares mais diversificados e especializados. As únicas desvantagens da extrusora de duplo parafuso são a conceção mais complicada e o custo (Moscicki e van Zuilichem, 2011). O custo da extrusora de duplo parafuso é, pelo menos, o dobro do preço da extrusora de parafuso simples. Além disso, o custo de manutenção da extrusora de duplo parafuso é superior ao custo de manutenção da extrusora de parafuso simples (Guy, 2001). Atualmente, as extrusoras corrotantes de duplo parafuso são mais utilizadas devido à sua elevada produtividade, boa mistura e elevada velocidade do parafuso (Moscicki e van Zuilichem, 2011).

As extrusoras de duplo parafuso podem processar materiais altamente oleosos, húmidos e viscosos. O teor de gordura dos alimentos para trabalhar com extrusoras de parafuso simples situa-se entre 12% e 17%, enquanto os alimentos que contêm gordura interna superior a 18% e até 22% podem ser utilizados com extrusoras de parafuso duplo. Na extrusora de parafuso único, um teor de gordura superior a 17% reduz a fricção devido à lubrificação e impede a transformação da energia mecânica em calor. A extrusora de duplo parafuso mantém a energia mecânica ao processar alimentos com elevado teor de gordura. A extrusora de rosca dupla funciona bem em gamas estreitas e largas de teor de humidade do que a extrusora de rosca simples (Frame, 1999).

A extrusora de parafuso duplo pode lidar com alimentação direta não só com ingredientes muito finamente moídos, mas também com muitos ingredientes grosseiros. Para além disso, pode manusear alimentos tridimensionais e muito delicados. As extrusoras de rosca dupla são utilizadas para produzir rebuçados e caramelos pegajosos que não podem ser produzidos por extrusoras de rosca simples (Guy, 2001). As extrusoras de duplo parafuso podem processar ingredientes alimentares pegajosos e de difícil transporte graças à sua capacidade de transporte (Frame, 1999).

As extrusoras de parafuso simples são muito mais simples do que as extrusoras de parafuso duplo. No entanto, as extrusoras de parafuso duplo são mais flexíveis no controlo dos parâmetros alimentares e do processo do que as extrusoras de parafuso simples. As extrusoras de parafuso duplo têm as vantagens de uma limpeza fácil, de uma mudança de produto mais rápida e de uma menor dependência das propriedades reológicas em comparação com os tipos de parafuso simples. A extrusora de rosca dupla é utilizada em vez da extrusora de rosca simples devido à necessidade de produtos com tamanhos pequenos e formas diferentes (Guy, 2001).

No final do processo de extrusão de duplo parafuso, a água e o vapor podem limpar o tambor da extrusora e os parafusos a partir do interior, uma vez que têm dois veios e dois parafusos que se movem um contra o outro. Além disso, a extrusora de duplo parafuso é mais facilmente utilizada por operadores inexperientes (Guy, 2001).

2.7 Efeito da cozedura por extrusão na qualidade dos alimentos

2.7.1 Alterações físicas e químicas durante a extrusão

Ocorrem alterações físicas e químicas nos ingredientes alimentares através da macromistura ou da micro-mistura durante o processo de extrusão de duplo parafuso. A mistura é um fator importante para a transferência de energia, desempenhando um papel fundamental na transformação do material. Os parâmetros que afectam a qualidade do produto são a temperatura e a pressão do material e do cilindro, que devem ser controladas durante o processo (Guy, 2001). As extrusoras fornecem energia térmica e de cisalhamento aos alimentos; por conseguinte, ocorrem alterações físicas e químicas significativas durante o processo. Durante a extrusão, ocorrem transformações físico-químicas complexas, incluindo a desnaturação das proteínas, a gelatinização do amido e a rutura das ligações de hidrogénio (Miller, 1993).

Os componentes, com exceção do amido, impedem a formação de bolhas de ar e limitam a gelatinização do amido necessária para a expansão dos extrudados, dando origem a produtos menos expandidos e duros (Ainsworth *et al.*, 2007; Yanniotis *et al.*, 2007; Brennan *et al.*, 2008). Por conseguinte, é necessário um processamento de extrusão a um elevado nível de cisalhamento e temperatura para diminuir a viscosidade da massa fundida e produzir extrudados mais expandidos incorporados com tomate (Altan *et al.*, 2008a; Yagci e Gogus, 2008). A fibra dificulta a formação da célula de gás e aumenta a espessura da parede da célula de gás; assim, foram produzidos produtos mais duros (Ainsworth *et al.*, 2007; Altan *et al.*, 2008a; Dehghan-Shoar *et al.*, 2010).

As matérias-primas sofrem algumas transições de ordem-desordem durante o processo de extrusão e a matriz da extrusora dá uma forma ao material alimentar. Estas transformações são a gelatinização do amido, a formação de complexos entre lípidos e amilose, a desnaturação de proteínas e as reacções de degradação de pigmentos e vitaminas. Por conseguinte, durante o processo de extrusão, os alimentos transformam-se em massa viscoelástica com a ajuda da humidade, do calor e do cisalhamento (Lai e Kokini, 1991; Ilo e Berghofer, 1999). A degradação da estrutura cristalina do amido e das macromoléculas ocorre devido à temperatura elevada, à pressão elevada e ao cisalhamento elevado (Guha e Ali, 2002). O processo de extrusão HTST inicia a gelatinização do amido com a ajuda da pressão mecânica que danifica a barreira da fibra e facilita o acesso à atividade enzimática. A gelatinização do amido confere caraterísticas texturais e estruturais únicas aos alimentos. Durante a cozedura por extrusão ocorre a gelatinização do amido, após o arrefecimento ocorre a retrogradação. Esta pode promover a formação de amido resistente, aumentando a fibra insolúvel (Moraru e Kokini, 2003).

Os efeitos benéficos da extrusão incluem o aumento da fibra alimentar solúvel, a degradação de factores antinutricionais, a desnaturação e texturização das proteínas, a gelatinização do amido e a diminuição da oxidação lipídica. No entanto, as reacções de Maillard podem diminuir o valor nutricional da proteína, de acordo com os tipos e a composição da matéria-prima e os parâmetros do processo. Além disso, as vitaminas lábeis ao calor podem ser perdidas em diferentes graus (Patil *et al.*, 2005; Singh *et al.*, 2007). A temperatura elevada do barril e o baixo nível de humidade da ração provocam uma diminuição do teor de ácido ascórbico após a cozedura por extrusão (Killeit, 1994). Foi relatada uma redução importante no nível de vitamina E do trigo mourisco, aproximadamente 63% após a extrusão (Zielinski *et al.*, 2006).

Os aperitivos extrudidos com diferentes propriedades físico-químicas são produzidos a partir de milho, arroz e trigo devido às diferenças na composição química dos grãos. O milho e o arroz têm menor teor de proteínas e maior teor de amido do que o trigo. Assim, os produtos extrudidos de milho e arroz são mais macios e mais expandidos (Guy, 2001).

2.7.2 Alterações nutricionais durante a extrusão

Os efeitos da cozedura por extrusão na qualidade nutricional são ambíguos. Os efeitos benéficos incluem a destruição de factores antinutricionais, a gelatinização do amido, o aumento da fibra alimentar solúvel e a redução da oxidação lipídica. Por outro lado, as reacções de Maillard entre as proteínas e os açúcares reduzem o valor nutricional das proteínas, dependendo dos tipos de matérias-primas, da sua composição e das condições do processo. As vitaminas lábeis ao calor podem ser perdidas em diferentes graus (Singh *et al.*, 2007).

A maior procura, por parte dos consumidores, de produtos alimentares extrudidos nutritivos com compostos bioactivos melhorados mudou o foco da investigação para a incorporação de ingredientes ricos em bioactivos em materiais de amido tradicionalmente extrudidos. A investigação recente destacou a importância dos compostos bioactivos na saúde e nutrição humanas. Uma avaliação da literatura disponível revela que o nível de compostos bioactivos em produtos extrudidos é influenciado pelas variáveis do processo de extrusão. O cisalhamento, a temperatura, o tempo de ressonância e o teor de água são factores que contribuem para a composição global dos produtos extrudidos. Além disso, a estrutura dos alimentos também pode desempenhar um papel na potencial libertação de bioactivos funcionais (Brennan *et al.*, 2013).

O amaranto, a quinoa e o kaniwa são os grãos andinos mais consumidos na América Latina e possuem alto valor nutricional como substitutos sem glúten dos cereais convencionais. O objetivo desta investigação foi examinar o impacto destes grãos andinos nas propriedades sensoriais e físicas de snacks extrudidos à base de milho. Extrudados contendo teores crescentes de amaranto, quinoa ou kaniwa (20, 35 e 50% de sólidos) foram preparados sob as mesmas condições de extrusão. Os extrudados com teores mais elevados de amaranto, quinoa e kaniwa foram considerados menos estaladiços, menos estaladiços e menos adesivos com partículas menos duras. A análise temporal mostrou que, com o aumento do teor de amaranto, quinoa e kaniwa, a estaladiça e a crocância foram os atributos mais dominantes durante a mastigação, enquanto a dominância da rugosidade diminuiu consideravelmente. A porosidade e a espessura da parede, medidas por microtomografia de raios X, estavam ligadas à perceção da crocância e da estaladiça, respetivamente. Apesar das alterações observáveis nas caraterísticas físicas e sensoriais dos snacks extrudidos à base de milho, a incorporação de amaranto, quinoa e, particularmente, kaniwa (o grão andino menos estudado) mostrou resultados promissores para o desenvolvimento de novos produtos sem glúten (Diaz *et al.*, 2015)

Os aperitivos extrudidos RTE foram preparados a partir de misturas de farinhas feitas com farinha de milho, farinha de grama de Bengala, farinhas de raízes e tubérculos numa proporção de 60-80: 20: 20 respetivamente e a humidade foi ajustada para 17-20 %. As farinhas de raízes e tubérculos foram desenvolvidas a partir de batata (Solanum tuberosum), inhame (Dioscorea spp.), batata-doce (Ipomoea batatas L.), taro (Colocassia esculenta) e raiz de beterraba (Beta vulgaris). O teor de fibra e energia do snack extrudido RTE melhorou nas amostras experimentais preparadas com farinhas de raízes e tubérculos. A aceitabilidade global dos produtos extrudidos RTE feitos com batata e taro foi altamente aceitável em comparação com o inhame e a batata-doce. O estudo demonstra a utilização de raízes e farinhas de tubérculos como ingredientes potenciais e diversificados para melhorar a aparência e as propriedades nutricionais em snacks extrudidos RTE (Reddy *et al.*, 2014).

Para produzir snacks extrudidos de elevada qualidade nutricional e sensorial aceitável, é necessário compreender as alterações físicas e químicas que ocorrem durante a extrusão. O estudo investigou as interações entre os pós de fruta, o processo de extrusão e as propriedades físicas e nutricionais do produto resultante. A adição de fruta em pó tem um efeito significativo ($P < 0,05$) na expansão e densidade dos extrudados. Tanto a fibra solúvel como a insolúvel aumentaram substancialmente após o processo de extrusão, enquanto os níveis de antioxidantes diminuíram significativamente ($P < 0,05$). Os produtos resultantes tiveram um perfil nutricional melhorado em comparação com outros produtos de snacks extrudidos, com baixo teor de gordura e açúcar e uma boa fonte de fibra (Potter *et al.*, 2013).

CAPÍTULO 3

MATERIAIS E MÉTODOS

Este capítulo aborda o procedimento seguido na extrusão de um snack à base de milho com corporação de cenoura desfiada, a metodologia adoptada para a medição de várias propriedades físicas do produto extrudido.

3.1 Local experimental

A presente experiência foi realizada no Laboratório de Engenharia de Processos Agrícolas do Departamento de Processamento e Engenharia Alimentar, Faculdade de Engenharia e Tecnologia Agrícola, Universidade Agrícola de Junagadh, Junagadh (Gujarat). A análise física do produto extrudido foi efectuada no laboratório de análises bioquímicas do mesmo departamento.

3.2 Matéria-prima

O milho e a cenoura necessários para o trabalho de investigação foram obtidos no mercado local da cidade de Junagadh. Os grãos de milho foram limpos manualmente para remover todas as impurezas e depois moídos num moinho de pedra. A farinha foi ainda peneirada para remover as impurezas remanescentes após a moagem. A farinha foi então guardada num saco de polietileno e armazenada no frigorífico. As cenouras são descascadas manualmente com um descascador manual e trituradas com uma trituradora manual. As cenouras trituradas são depois moídas num moinho misturador para fazer uma pasta. A pasta foi então guardada num frasco de vidro hermético e armazenada no frigorífico.

Prato 3.1 Pasta de cenoura e farinha de milho.

3.3 Preparação da farinha para cozedura por extrusão

Foram colhidos cerca de 400 g de farinha de milho e divididos em amostras de 100 g e 300 g. Adicionam-se 20 g de água a 100 g de amostra de farinha para aumentar a sua humidade. A água é bem misturada na farinha e a peneiração é efectuada para quebrar os grumos. A amostra de farinha hidratada, depois de peneirada, foi finalmente utilizada como alimentação inicial durante a preparação do produto extrudido (placa 3.2). Outra amostra de 300 g de farinha foi misturada com a pasta de cenoura triturada e bem misturada. Durante a mistura da farinha e da cenoura, a humidade da cenoura foi espremida e misturada com a farinha. Esta amostra também passou pela peneira para quebrar os grumos (placa 3.3).

3.4 Extrusora de laboratório

Os ensaios de extrusão foram efectuados utilizando uma extrusora de duplo parafuso co-rotante da Basic Technology Pvt. Ltd. (Kolkata, Índia), como se mostra na placa 3.4. O acionamento principal foi fornecido com um motor de 7,5 CV (400 V, 3 fases, 50 ciclos). O eixo de saída da engrenagem de redução sem-fim estava equipado com um acoplamento limitador de binário. Foi utilizada a configuração de parafuso, que era uma conceção normalizada para o processamento de cereais e produtos à base de farinha. O tambor da extrusora recebia a alimentação de um alimentador co-rotativo de velocidade variável. O tambor estava equipado com dois aquecedores eléctricos de banda e duas camisas de arrefecimento de água. Foi instalado um sensor de temperatura na placa frontal do molde, que estava ligado à unidade de controlo da temperatura colocada no painel de controlo. A placa da matriz foi fixada por uma porca de parafuso apertada por uma chave especial fornecida. A faca de corte automática foi fixada num eixo rotativo.

Corn flour

Water to add in the flour

Addition of water to corn flout

Mixing of flour and water

Sieving of moisturized flour

Prato 3.2 Preparação de 100 g de farinha de alta humidade para alimentação inicial.

Weighing of carrot paste

Addition of carrot paste to corn flour

Mixing of carrot paste and flour

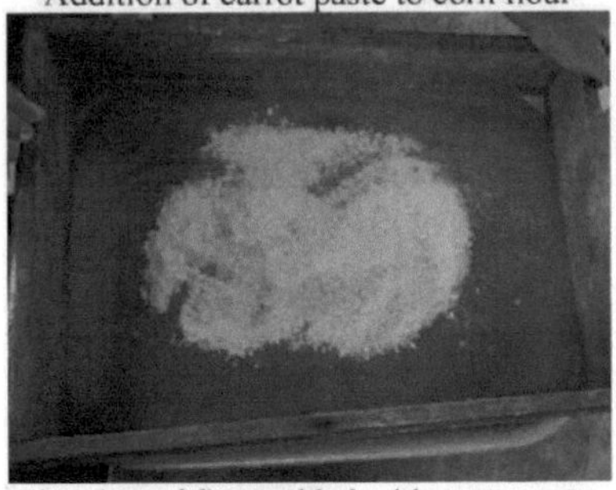

Sieveing of flour added with carrot paste

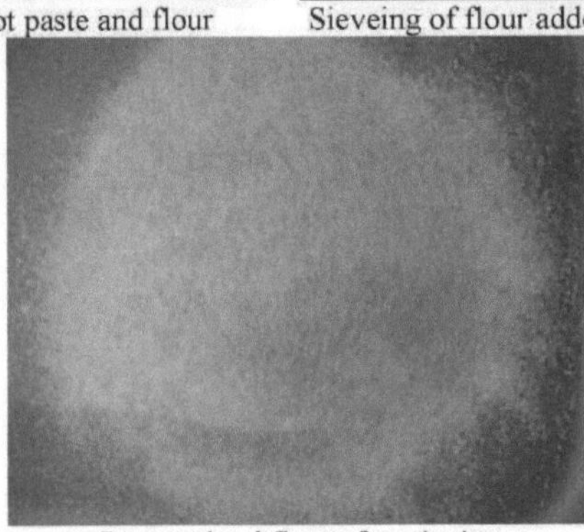

Carrot mixed flour after sieving

Prato 3.3 Preparação de farinha mista de cenoura (300g).

Placa 3.4 Extrusora de duplo parafuso de laboratório.

3.5 Preparação do produto extrudido

A extrusora de duplo parafuso foi mantida ligada durante 30 minutos para estabilizar as temperaturas estabelecidas. O diâmetro da matriz foi selecionado para 3 mm, tal como recomendado pelo fabricante para este produto. Em primeiro lugar, a amostra de 100 gm foi vertida para o funil de alimentação à velocidade de alimentação de 12 rpm para uma operação fácil e sem agitação. De seguida, foram introduzidos 300 g de farinha misturada com cenoura. Entretanto, a velocidade do cortador foi mantida a 140 rpm. O produto extrudido que sai do molde foi seco utilizando um secador de laboratório a 60 °C durante 1 hora para estabilizar a humidade ou para remover a humidade extra do produto. Em seguida, o produto foi embalado em embalagens com fecho de correr já numeradas e mantido num local de armazenamento adequado até ao fim da experiência de extrusão. O fluxograma do processo de preparação do produto extrudido adicionado de pasta de cenoura é apresentado na Fig. 3.1. Os produtos extrudidos acabados com mistura de cenoura são apresentados na placa 3.5.

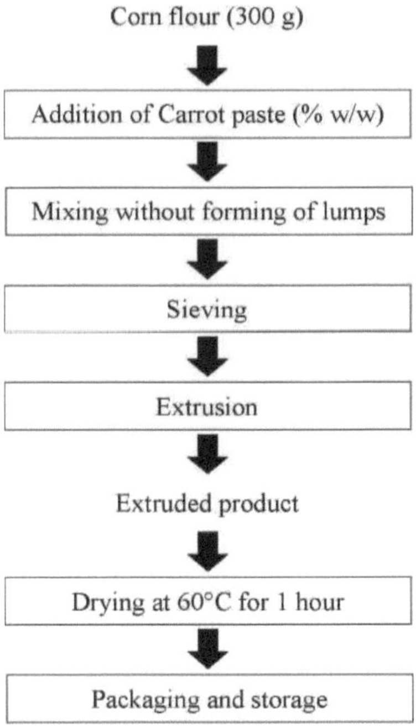

Fig. 3.1 Fluxograma do processo de preparação do produto extrudido adicionado de pasta de cenoura.

Placa 3.5 Amostra de produtos extrudidos mistos de cenoura acabados.

3.6 Conceção experimental

A metodologia de superfície de resposta (RSM) é uma técnica de modelação estatística empírica utilizada para a análise de regressão múltipla que utiliza dados quantitativos obtidos a partir de experiências devidamente concebidas para resolver equações multivariáveis em simultâneo. Foi utilizada para a conceção da experiência (Myers, 1976; Khuri e Cornell, 1987; Montgomery,

2001).

Foi utilizado um esquema Box-Behnken de três factores e três níveis com um modelo quadrático (1) para estudar o efeito combinado de três variáveis independentes, a *saber*, a temperatura da matriz (X_1), a velocidade do parafuso (X_2) e o nível da cenoura (X_3) em diferentes variáveis de resposta, (2) para criar modelos entre as variáveis e (3) para determinar o efeito destas variáveis para otimizar as variáveis de resposta selecionadas.

Os níveis selecionados para os parâmetros independentes, juntamente com a sua codificação, são apresentados no quadro 3.1.

Tabela 3.1 Parâmetros independentes e respectivos valores codificados e reais utilizados para a preparação do produto extrudido.

Parameters	Code	Coded levels		
		-1	0	+1
Die temperature (°C)	(X_1)	90	110	130
Screw speed (rpm)	(X_2)	200	250	300
Carrot level (%w/w)	(X_3)	12	15	18

De acordo com o projeto Box-Behnken, um total de 18 combinações, incluindo 6 pontos centrais, foram efectuadas por ordem aleatória de acordo com as três variáveis escolhidas. A temperatura do alimentador (60 °C) e a temperatura do cilindro (80 °C) foram mantidas constantes durante a extrusão. A matriz do projeto experimental em forma codificada (X) e ao nível real das variáveis é apresentada no quadro 3.2.

Os coeficientes polinomiais de segunda ordem foram calculados utilizando o pacote de softwareDesign Expert versão 8.0.0.6 (versão experimental; STAT-EASE Inc., Minneapolis, MN, EUA) para estimar as respostas da variável dependente.

3.7 Parâmetros dependentes

3.7.1 Caraterísticas da máquina

3.7.1.1 Binário

O binário gerado na extrusora de duplo parafuso durante o processo de extrusão foi medido por um indicador digital fornecido no painel da extrusora.

3.7.2 Caraterísticas do produto extrudido

3.7.2.1 Caraterísticas físicas e funcionais

3.7.2.1.1 Teor de humidade

O teor de humidade foi determinado de acordo com a AOAC (2000). As amostras extrudidas que saem da extrusora pesam 2 a 3 g cada e são colocadas em placas de Petri, sendo depois mantidas na estufa de ar quente a 60 °C. As leituras da perda de peso dos produtos extrudidos são efectuadas com um intervalo de uma hora até a perda de peso cessar.

Quadro 3.2 Matriz do projeto experimental box-behnken para a preparação de produtos extrudidos.

Treatment No.	Coded variables			Uncoded variables		
	X_1	X_2	X_3	Die temperature (°C)	Screw speed (rpm)	Carrot level (% w/w)
1	-1	-1	0	90	200	15
2	1	-1	0	130	200	15
3	-1	1	0	90	300	15
4	1	1	0	130	300	15
5	-1	0	-1	90	250	12
6	1	0	-1	130	250	12
7	-1	0	1	90	250	18
8	1	0	1	130	250	18
9	0	-1	-1	110	200	12
10	0	1	-1	110	300	12
11	0	-1	1	110	200	18
12	0	1	1	110	300	18
13	0	0	0	110	250	15
14	0	0	0	110	250	15
15	0	0	0	110	250	15
16	0	0	0	110	250	15
17	0	0	0	110	250	15
18	0	0	0	110	250	15

O teor de humidade foi determinado com base na diminuição do peso em relação ao peso inicial da amostra, utilizando a seguinte fórmula (placa 3.6).

$$\text{Moisture content (\%wb)} = \frac{\text{Initial weight of sample-Final weight of sample}}{\text{Initial weight of sample}} \times 100$$

3.7.2.1.2 Capacidade de retenção de água (WHC)

Aproximadamente 5 gramas de amostra moída fina foram pesadas e deixadas a re-hidratar durante a noite em excesso de água (7:1), como se mostra na placa 3.7. Após a drenagem, foi novamente pesada e o WHC calculado da seguinte forma (Deshpande e Poshadri, 2011).

$$\text{WHC} = \frac{\text{Weight of wet extruded powder-Weight of dry extruded powder}}{\text{Weight of dry extruded powder}} \times 100$$

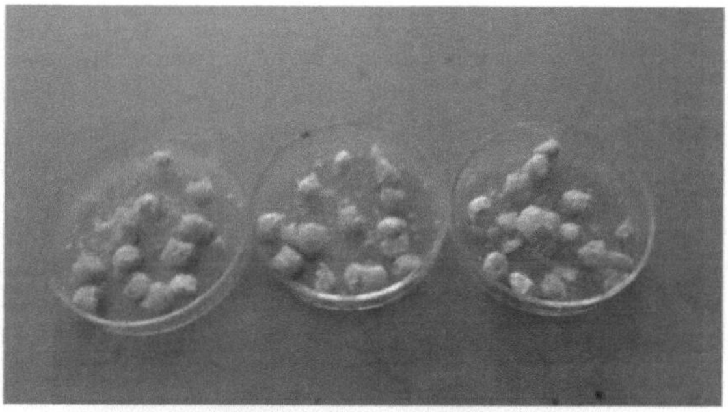

Extruded product samples

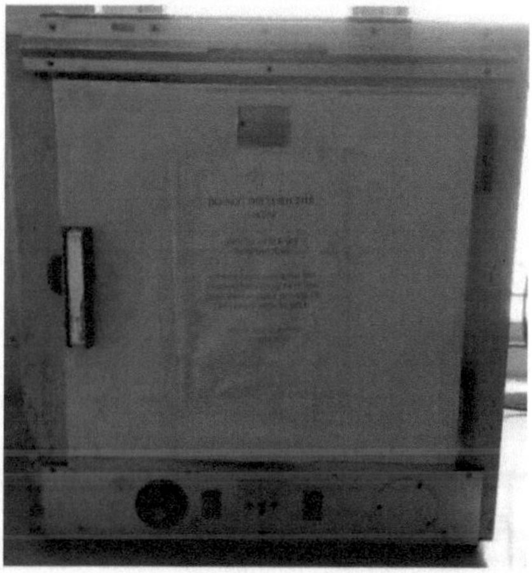

Hot air oven

Samples put in hot air oven

Placa 3.6 Determinação do teor de humidade utilizando um forno de ar quente.

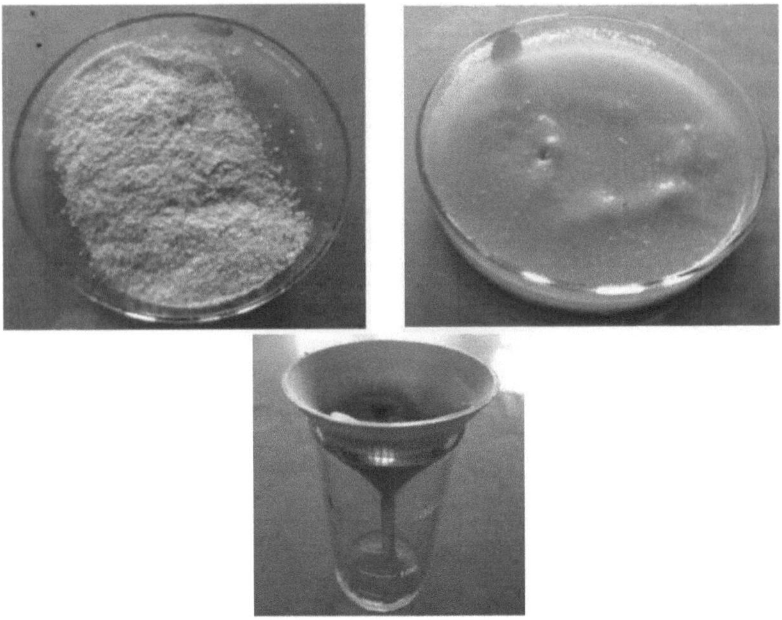

Placa 3.7 Determinação da capacidade de retenção de água.

3.7.2.1.3 Índice de solubilidade em água (WSI) e índice de absorção de água (WAI)

O WSI e o WAI foram medidos utilizando uma técnica desenvolvida para cereais (Ding et al., 2006). 2,5 g de extrudado moído foram suspensos em 25 ml de água à temperatura ambiente durante 30 min, com agitação intermédia, e depois centrifugados a 3000 rpm durante 15 min. O sobrenadante foi decantado para um prato de evaporação com um peso conhecido. O WSI é o peso dos sólidos secos no sobrenadante expresso em percentagem do peso original da amostra, enquanto o WAI é o peso do gel obtido após a remoção do sobrenadante por unidade de peso dos sólidos secos originais (placa 3.8). Estes valores foram calculados utilizando as fórmulas seguintes:

$$\text{WAI}\left(\frac{g}{g}\right) = \frac{\text{Weight gain by gel}}{\text{dry weight of extrudate}}$$

$$\text{WSI}(\%) = \frac{\text{Weight of dry solids in supernatant}}{\text{Dry weight of extrudate}} \times 100$$

Placa 3.8 Determinação do índice de absorção de água (WAI) e do índice de solubilidade em água (WSI).

3.7.2.1. 4Capacidade de absorção de óleo (CAO)

A capacidade de absorção de óleo indica a quantidade de óleo que se liga às matrizes num determinado sistema alimentar, o que pode ser utilizado como um índice de hidrofobicidade do alimento. A capacidade de absorção de óleo foi medida utilizando o seguinte procedimento (Tjahjadi et al. 1988 e Li e Lee, 1996). Aproximadamente 0,5 g do extrudado moído e 10 mL de óleo de soja foram adicionados a um tubo de centrífuga cónico graduado de 15 mL. O conteúdo do tubo foi misturado durante 3 minutos com um misturador vortex para dispersar a amostra no óleo.

Após um período de espera de 30 minutos, o tubo foi centrifugado durante 25 minutos a 3000 rpm. O óleo separado foi então removido com uma pipeta e o tubo foi invertido durante 25 minutos para drenar o óleo antes de o voltar a pesar (placa 3.9). A capacidade de absorção de óleo foi expressa em gramas de óleo de soja ligado por grama do extrudado numa base seca.

$$\text{OAC}\left(\frac{g}{g}\right) = \frac{\text{Weight of oil bound}}{\text{Weight of dry extrudate sample}}$$

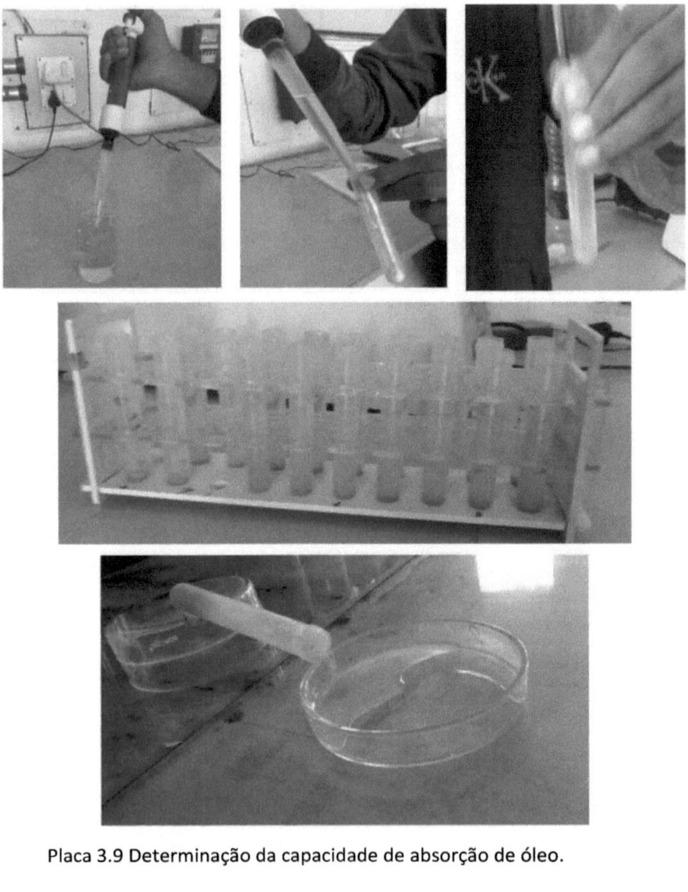

Placa 3.9 Determinação da capacidade de absorção de óleo.

3.7.2.1. 5Densidade dos granéis

A densidade aparente dos extrudados secos foi calculada através da determinação do volume dos extrudados, enchendo um recipiente de volume conhecido e registando o peso da amostra (Grenus et al., 1993). As fotografias do processo são apresentadas na placa 3.10.

$$\text{Bulk density}\left(\frac{kg}{m^3}\right)=\frac{\text{Weight of extrudate sample}}{\text{Volume of container}}$$

Placa 3.10 Determinação da densidade aparente.

3.7.2.1. 6Densidade real

Foi definida como massa por unidade de volume pelo mesmo método acima referido, mas o volume determinado foi o do extrudado moído (Ali et al, 1996). A amostra de extrudado moído foi colocada numa proveta graduada e o volume ocupado pela amostra foi medido (placa 3.11). Assim, a densidade real pode ser dada como :

$$\text{True density}\left(\frac{kg}{m^3}\right)=\frac{\text{Weight of ground extrudate sample}}{\text{Volume occupied by ground extrudate sample}}$$

Placa 3.11 Determinação da densidade real.

3.7.2.1.7 Caudal mássico (MFR)

O caudal mássico foi medido recolhendo os extrudados em sacos de polietileno durante um período de tempo específico, assim que saem do molde, e o seu peso foi medido imediatamente após o arrefecimento à temperatura ambiente (Singh et al., 1996).

$$\text{MFR}\left(\frac{g}{sec}\right)=\frac{\text{Weight of sample collected (g)}}{\text{Time taken to collect the sample (sec)}}$$

3.7.2.1. 8Razão de reidratação (RR)

O rácio de reidratação (RR) foi medido a 30°C. O extrudado foi cortado de modo a obter fios de 35 mm de comprimento e cerca de 10 fios foram pesados e colocados em 250 ml de água a 30°C durante 15 minutos (placa 3.12). A água foi drenada e as amostras reidratadas foram pesadas (Saini, 2015). RR é definido como:

$$\text{RR}=\frac{\text{Weight of rehydrated sample-Weight of dry sample}}{\text{Weight of dry sample}}\times 100$$

Placa 3.12 Determinação do rácio de reidratação (RR).

3.7.2.1. 9Razão de expansão (ER)

O rácio entre o diâmetro do extrudado e o diâmetro da matriz foi utilizado para expressar a expansão do extrudado (Fan et al., 1996). O diâmetro do extrudado foi determinado como a média de 10 medições aleatórias efectuadas com um compasso de Vernier (placa 3.13). O rácio de expansão do extrudado foi calculado como :

$$ER = \frac{\text{Extrudate diameter}}{\text{Die diameter}}$$

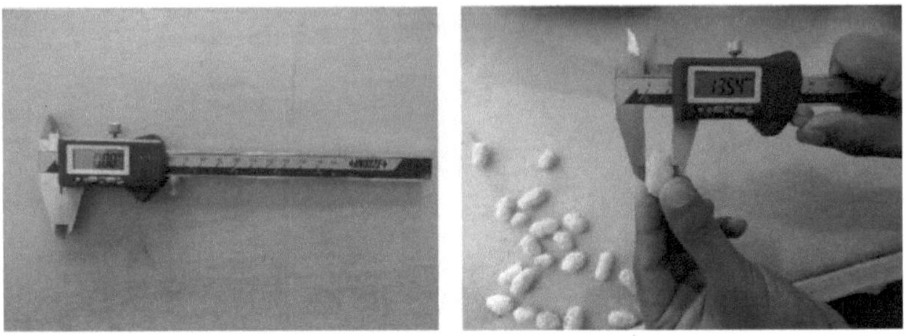

Placa 3.13 Determinação do rácio de expansão (ER).

3.4.1. 1Características sensoriais

A avaliação sensorial das caraterísticas de qualidade organoléptica, incluindo cor/aparência, dureza, mastigabilidade, sabor e aceitabilidade global dos produtos extrudidos preparados, foi efectuada de acordo com o procedimento de Askar e Treptow (1993) por dez painelistas treinados, incluindo pessoal e estudantes graduados do Departamento de Processamento e Engenharia Alimentar, Faculdade de Engenharia e Tecnologia Agrícola, Universidade Agrícola de Junagadh, Junagadh, com idades compreendidas entre 22 e 55 anos. Os formulários do cartão de pontuação utilizados para a análise sensorial dos produtos extrudidos são apresentados no apêndice C. Antes do exame sensorial, os membros do painel foram submetidos a uma sessão de formação para se familiarizarem com os atributos sensoriais dos produtos extrudidos a avaliar. Durante a formação, foi apresentada a cada membro do painel uma ficha de avaliação sensorial e foram-lhe transmitidos os procedimentos de avaliação. Um produto extrudido preparado sem adição de pedaços de cenoura foi tomado como controlo e apresentado como referência. Todas as amostras foram avaliadas à temperatura ambiente de cerca de 30 °C ± 1 °C, sob luz ambiente normal. Para cada teste, as amostras foram servidas aos membros do painel por ordem aleatória. Os membros do painel foram

Os participantes receberam instruções para beber água e limpar o palato entre cada uma das amostras de extrudado fornecidas. Cada amostra foi codificada com os respectivos códigos de tratamento. Foi pedido aos membros do painel que atribuíssem pontuações a diferentes caraterísticas sensoriais numa escala hedónica de 9 pontos.

3.8 Otimização e validação do modelo

A otimização das variáveis do processo foi efectuada utilizando o software Design Expert versão 8.0.0.6. Os valores óptimos das variáveis selecionadas foram analisados através dos gráficos de contorno da superfície de resposta e também através da resolução da equação de regressão. As condições óptimas obtidas através da análise da superfície de resposta foram verificadas através da realização de experiências em triplicado. O valor experimental médio das diferentes variáveis de resposta foi utilizado para verificar a validade e a adequação dos modelos previstos.

CAPÍTULO 4

RESULTADOS E DISCUSSÃO

Este capítulo trata dos resultados das experiências efectuadas na preparação do produto extrudido através da incorporação de pasta de cenoura. Os resultados e os dados obtidos são comparados entre si e discutidos em pormenor neste capítulo. As observações foram analisadas utilizando a Metodologia de Superfície de Resposta (RSM) e as variações nos parâmetros foram representadas graficamente. Os valores optimizados dos diferentes parâmetros do processo são obtidos através da otimização numérica e apresentados neste capítulo. Os resultados dos estudos efectuados são apresentados e discutidos nos parágrafos seguintes.

4.1 Produto extrudido preparado sem adição de pasta de cenoura (tratamento de controlo)

Os dados relativos a várias caraterísticas da máquina, bem como as caraterísticas físicas e sensoriais do produto extrudido preparado sem adição de pasta de cenoura, são apresentados no Quadro 4.1. A experiência foi repetida três vezes e os valores médios foram registados.

4.2 Produto extrudido preparado por adição de pasta de cenoura

Os valores experimentais para todas as caraterísticas da máquina e as caraterísticas físicas do produto extrudido preparado com a adição de pasta de cenoura são apresentados no Quadro 4.2, enquanto os dados relativos às caraterísticas sensoriais são apresentados no Quadro 4.3.

Quadro 4.1 Caraterísticas da máquina, bem como caraterísticas físicas e sensoriais do produto extrudido preparado sem adição de pasta de cenoura.

Sr. No.	Parameter	Sample			Average
		1	2	3	
Machine characteristics					
1	Torque (Nm)	11	10	11	10.67
Physical characteristics of extruded product					
1	Moisture content (% wb)	8.64	8.54	8.96	8.71
2	Water holding capacity	352.2	352.26	352.14	352.2
3	Water solubility index (%)	14.05	13.85	14.12	14.01
4	Water absorption index (g/g)	5.26	5.14	5.37	5.26
5	Oil absorption capacity (g/g)	0.68	0.65	0.71	0.68
6	Bulk density (kg/m^3)	86.19	86.04	86.29	86.17
7	True density (kg/m^3)	555.85	555.8	555.77	555.81
8	Mass flow rate (g/sec)	1.86	1.74	1.97	1.86
9	Rehydration ratio	5.71	5.74	5.76	5.74
10	Expansion ratio	13.15	13.06	13.23	13.15
Sensory characteristics of extruded product					
1	Appearance	7.42	7.36	7.46	7.41
2	Hardness	7.16	7.24	7.1	7.17
3	Taste	6.75	6.71	6.78	6.75
4	Chewiness	7.42	7.38	7.46	7.42
5	Overall acceptability	7.22	7.15	7.28	7.22

Quadro 4.2 Caraterísticas mecânicas e físico-químicas do produto extrudido preparado por adição de pasta de cenoura.

Treatment No.	Independent Variables			Responses										
	Die temp. (X_1) (°C)	Screw speed (X_2) (rpm)	Carrot level (X_3) (%)	Machine torque (Nm)	Mass flow rate (g/s)	M.C.(% wb)	WAI (%)	WSI (g/g)	OAC (g/g)	Bulk density (kg/m^3)	True density (kg/m^3)	Rehydration ratio (g/g)	Expansion ratio (mm/mm)	WHC (%)
1	90 (-1)	200 (-1)	15 (0)	10.08	2.70	14.09	5.21	16.54	0.84	266.58	678.08	1.39	2.88	315.87
2	130 (1)	200 (-1)	15 (0)	8.99	1.81	12.35	5.74	15.20	0.96	155.46	685.26	3.01	3.51	439.00
3	90 (-1)	300 (1)	15 (0)	9.99	2.09	11.37	5.15	21.01	0.78	191.12	715.23	1.90	3.50	374.40
4	130 (1)	300 (1)	15 (0)	10	2.14	11.55	5.20	19.20	0.80	140.00	582.72	2.87	3.93	312.47
5	90 (-1)	250 (0)	12 (-1)	8.68	1.71	10.77	5.21	19.200	0.76	107.15	602.91	4.68	4.48	282.80
6	130 (1)	250 (0)	12 (-1)	9.16	1.52	8.29	5.32	22.40	1.04	109.77	573.83	5.22	4.38	356.60
7	90 (-1)	250 (0)	18 (1)	9	1.89	14.89	5.56	14.68	0.72	213.96	718.09	1.76	3.29	311.00
8	130 (1)	250 (0)	18 (1)	8.32	2.01	13.55	5.36	14.00	0.76	189.42	682.17	2.13	3.33	315.40
9	110 (0)	200 (-1)	12 (-1)	9.96	2.23	6.72	5.54	20.31	0.94	102.00	637.59	4.34	4.29	348.62
10	110 (0)	300 (1)	12 (-1)	10	2.00	5.90	5.20	24.41	0.92	67.77	545.57	6.94	4.64	426.00
11	110 (0)	200 (-1)	18 (1)	9	2.26	10.00	5.83	15.02	0.74	173.54	693.97	2.76	3.59	388.20
12	110 (0)	300 (1)	18 (1)	9.06	2.17	9.15	5.50	21.20	0.82	150.04	692.14	2.60	3.74	428.61
13	110 (0)	250 (0)	15 (0)	10.87	2.20	5.99	5.72	21.20	0.92	112.50	642.36	3.37	4.38	425.15
14	110 (0)	250 (0)	15 (0)	10	2.09	8.11	5.53	22.80	0.94	126.04	628.57	2.77	3.96	375.40
15	110 (0)	250 (0)	15 (0)	10	2.20	8.24	5.68	21.20	1.02	129.12	707.47	3.19	4.05	373.60
16	110 (0)	250 (0)	15 (0)	10	2.12	7.60	5.58	20.80	1.03	122.50	606.71	3.43	4.20	414.40
17	110 (0)	250 (0)	15 (0)	10	2.14	7.49	5.58	24.00	0.92	112.88	589.60	3.34	4.22	390.40
18	110 (0)	250 (0)	15 (0)	11	2.13	7.33	5.52	23.98	0.95	112.40	623.45	3.28	4.24	391.50

Quadro 4.3 Caraterísticas sensoriais do produto extrudido preparado com a adição de pasta de cenoura.

Treatment No.	Independent Variables			Sensory score (out of 9 scale)				
	Die temp. (X_1) (°C)	Screw speed (X_2) (rpm)	Carrot level (X_3) (%)	Appearance	Hardness	Taste	Chewiness	Overall acceptability
1	90 (-1)	200 (-1)	15 (0)	4.77	4.80	2.87	4.67	4.46
2	130 (1)	200 (-1)	15 (0)	5.70	5.76	5.37	5.33	5.92
3	90 (-1)	300 (1)	15 (0)	5.00	5.26	3.40	4.73	5.21
4	130 (1)	300 (1)	15 (0)	5.47	6.13	5.93	5.67	6.21
5	90 (-1)	250 (0)	12 (-1)	6.23	7.00	6.37	6.20	6.71
6	130 (1)	250 (0)	12 (-1)	6.33	7.36	7.07	6.20	7.21
7	90 (-1)	250 (0)	18 (1)	5.00	4.33	2.73	4.47	4.75
8	130 (1)	250 (0)	18 (1)	5.60	5.43	4.46	5.20	5.75
9	110 (0)	200 (-1)	12 (-1)	6.60	7.36	6.93	6.50	7.50
10	110 (0)	300 (1)	12 (-1)	7.10	7.50	7.23	7.00	7.67
11	110 (0)	200 (-1)	18 (1)	5.73	5.60	4.53	5.27	5.67
12	110 (0)	300 (1)	18 (1)	5.67	6.13	5.86	5.67	6.25
13	110 (0)	250 (0)	15 (0)	6.23	7.50	6.60	6.67	7.21
14	110 (0)	250 (0)	15 (0)	6.23	7.50	6.60	6.67	7.21
15	110 (0)	250 (0)	15 (0)	6.23	7.50	6.60	6.67	7.21
16	110 (0)	250 (0)	15 (0)	6.23	7.50	6.60	6.67	7.21
17	110 (0)	250 (0)	15 (0)	6.23	7.50	6.60	6.67	7.21
18	110 (0)	250 (0)	15 (0)	6.23	7.50	6.60	6.67	7.21

4.3 Análise da superfície de resposta

A análise da superfície de resposta dos diferentes parâmetros de resposta em função das variáveis de processo selecionadas foi desenvolvida através da técnica de regressão múltipla. É útil para explicar a interação de diferentes variáveis e para determinar o nível ótimo de cada variável. Foi efectuada através do traçado das curvas de superfície de resposta para os parâmetros de resposta individuais. Cada curva de superfície de resposta explica o efeito de duas variáveis, mantendo a terceira variável fixa num nível médio. A explicação do efeito das diferentes variáveis independentes nos parâmetros de resposta e a sua apresentação gráfica são dadas nesta secção.

4.3.1 Caraterísticas da máquina

4.3.1.1 Binário da máquina

O efeito da velocidade do parafuso, da temperatura da matriz e do nível de cenoura no binário da máquina de extrusão é apresentado no Quadro 4.2, enquanto a superfície de resposta e os gráficos de contorno para o binário são apresentados nas Fig. 4.1 a Fig. 4.6.

A Fig.4.1 representa o gráfico de superfície de resposta da variação do binário em função da temperatura da matriz (x_1) e da velocidade do parafuso (x_2). Mostra o efeito interativo da temperatura do molde e da velocidade do parafuso no binário, mantendo o nível de cenoura (x_3) a um nível constante, ou seja, 15%. A partir do mapa de contorno apresentado na Fig. 4.2, pode observar-se que o binário aumentou com o aumento da temperatura da matriz até 111,78 °C e com o valor mais elevado selecionado de velocidade do parafuso (300 rpm). Esperava-se que o binário aumentasse até 10,527 Nm com esta combinação de temperatura da matriz e velocidade do parafuso. Após um aumento adicional da temperatura da matriz, verificou-se que o binário diminuía.

O efeito da temperatura da matriz (x_1) e do nível de cenoura (x_3) na velocidade do parafuso de manutenção do binário (x_2) a um nível constante (isto é, 250 rpm) é representado graficamente na Fig. 4.3. O gráfico de contorno apresentado na Fig. 4.4 mostra claramente que o binário aumentou com o aumento da temperatura da matriz até 107,97 °C e até um nível de cenoura de 14,56 %. Esta combinação de temperatura do molde e de nível de cenoura foi suscetível de aumentar o binário até 10,34 Nm. Verificou-se que diminuía ligeiramente com o aumento da temperatura da matriz e do nível de cenoura.

A Fig. 4.5 revela o efeito interativo da velocidade do parafuso (x_2) e do nível de cenoura (x_3) sobre o binário, mantendo a temperatura da matriz (x_1) a um nível constante, ou seja, 110 °C. A leitura do mapa de contorno apresentado na Fig. 4.6 indica que o binário aumenta com o aumento do teor de cenoura até 14,55 % e com a velocidade do parafuso no seu nível máximo (300 rpm). Esta interação entre a velocidade do parafuso e o nível de cenoura foi proposta para aumentar o binário até 10,54 Nm. Após um novo aumento do nível de cenoura, observou-se uma diminuição do binário.

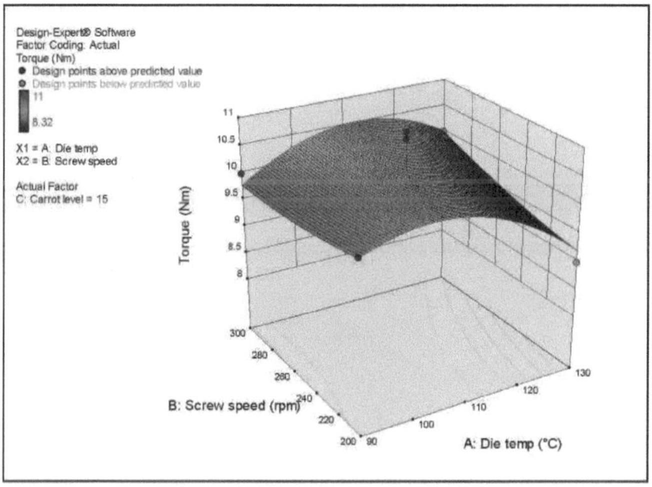

Fig. 4.1 Gráfico da superfície de resposta para o binário em função da velocidade do parafuso e da temperatura da matriz.

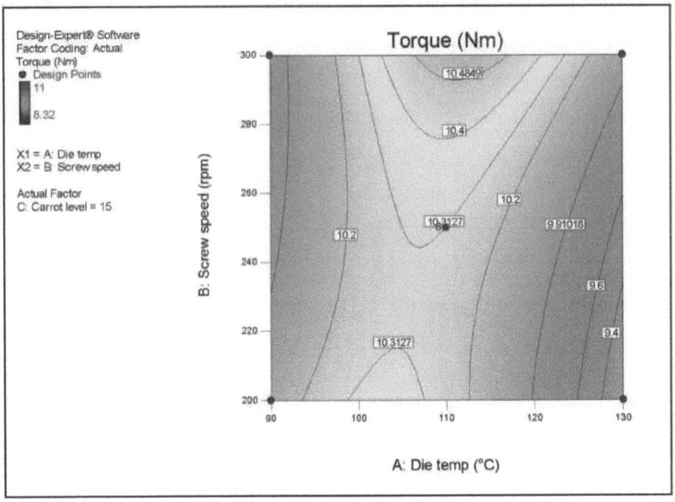

Fig. 4.2 Gráfico de contorno para o binário em função da velocidade do parafuso e da temperatura da matriz.

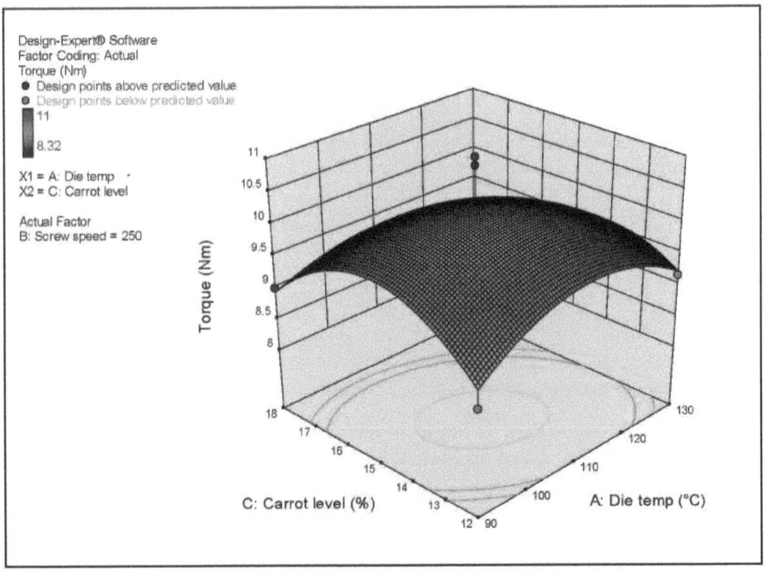

Fig. 4.3 Gráfico de superfície de resposta para o binário em função da temperatura do molde e do nível de cenoura.

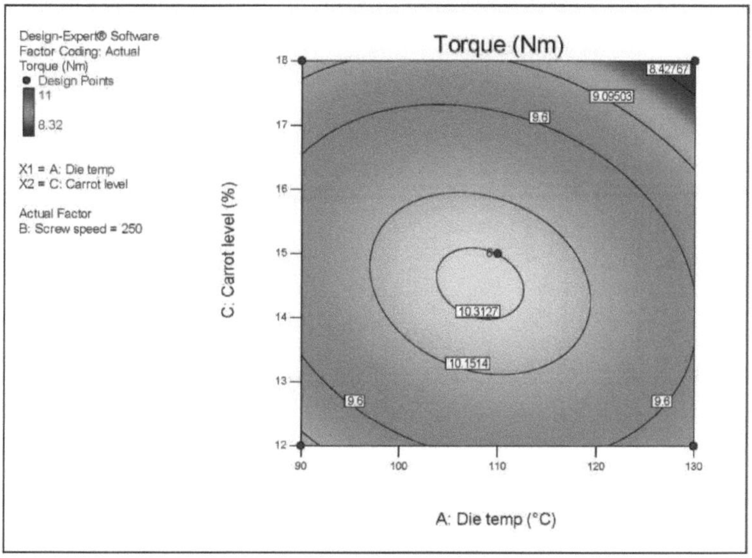

Fig. 4.4 Gráfico de contorno para o binário em função da temperatura da matriz e do nível de cenoura.

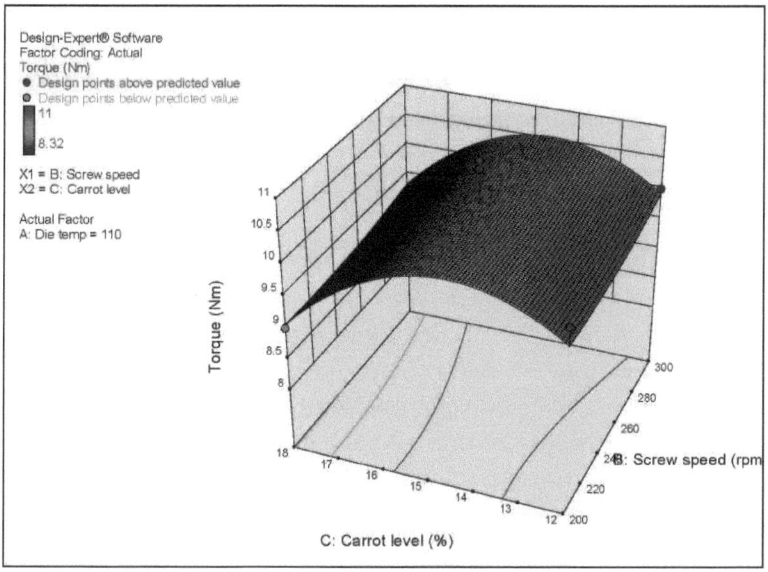

Fig. 4.5 Gráfico da superfície de resposta para o binário em função da velocidade do parafuso e do nível da cenoura.

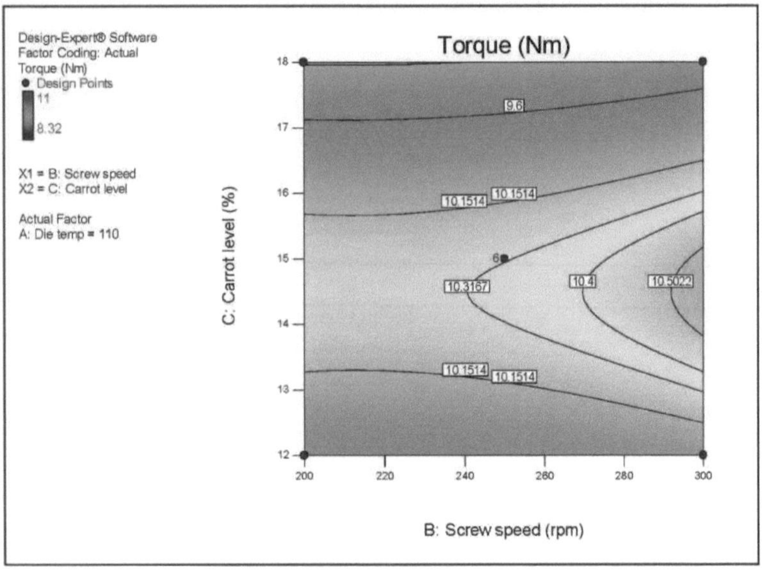

Fig. 4.6 Gráfico de contorno para o binário em função da velocidade do parafuso e do nível da cenoura

4.3.2 Caraterísticas físicas

4.3.2.1 Efeito da temperatura da matriz, da velocidade do parafuso e do nível de cenoura no caudal mássico O efeito da velocidade do parafuso, da temperatura da matriz e do nível de cenoura no caudal mássico do produto extrudido é apresentado na Tabela 4.2, enquanto a superfície de resposta e os gráficos de contorno para o caudal mássico são apresentados nas Fig. 4.7 a Fig. 4.12.

A Fig.4.7 representa o gráfico de superfície de resposta da variação do caudal mássico em função da temperatura da matriz (X1) e da velocidade do parafuso (X2). Mostra o efeito interativo da temperatura da matriz e da velocidade do parafuso no caudal mássico, mantendo o nível de cenoura (X3) constante, ou seja, 15%. A partir do mapa de contorno apresentado na Fig. 4.8, pode observar-se que o caudal mássico aumentou com a diminuição da temperatura do molde até 90 °C e com o valor mais baixo selecionado da velocidade do parafuso (200 rpm). Esperava-se que o caudal mássico aumentasse até 2,6 g/seg. com esta combinação de temperatura da matriz e velocidade do parafuso. Após um novo aumento da temperatura da matriz e da velocidade do parafuso, verificou-se que o caudal mássico diminuía.

O efeito da temperatura da matriz (X1) e do nível de cenoura (X3) no caudal mássico, mantendo a velocidade do parafuso (x_2) a um nível constante (isto é, 250 rpm), é representado graficamente na Fig. 4.9. O gráfico de contorno apresentado na Fig. 4.10 mostra claramente que o caudal mássico aumentou com o aumento da temperatura da matriz até 104,06 °C e até um nível de cenoura de 15,67%. Esta combinação da temperatura do molde e do nível de cenoura foi suscetível de aumentar o caudal mássico até 2,17 g/seg. Verificou-se que diminuía ligeiramente com o aumento da temperatura da matriz.

A Fig. 4.11 revela o efeito interativo da velocidade do parafuso (x_2) e do nível de cenoura (x_3) no caudal mássico, mantendo a temperatura da matriz (x_1) a um nível constante, ou seja, 110 °C. A leitura do mapa de contorno apresentado na Fig. 4.12 indica que o caudal mássico aumenta com o aumento do teor de cenoura até 15,53% e com a velocidade do parafuso no seu nível mínimo (200 rpm). Esta interação entre a velocidade do parafuso e o nível de cenoura foi proposta para aumentar o caudal mássico até 2,438 g/seg. Com o aumento da velocidade do parafuso para além das 200 rpm, observou-se uma diminuição do caudal mássico.

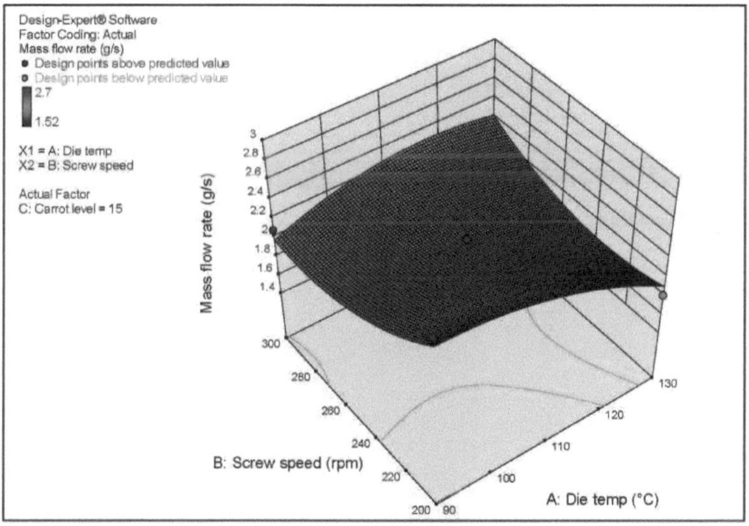

Fig. 4. 7Plotagem da superfície de resposta para o caudal mássico em função da velocidade do parafuso e da temperatura da matriz.

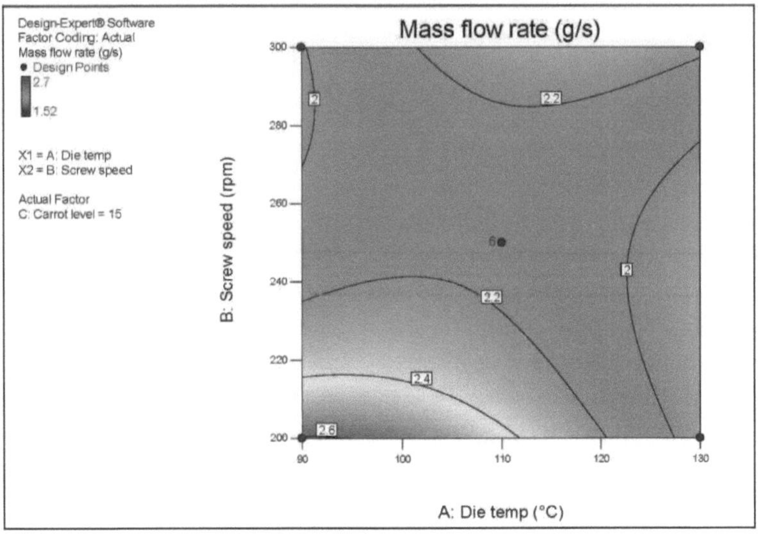

Fig. 4.8 Gráfico de contorno para o caudal mássico em função da velocidade do parafuso e da temperatura da matriz.

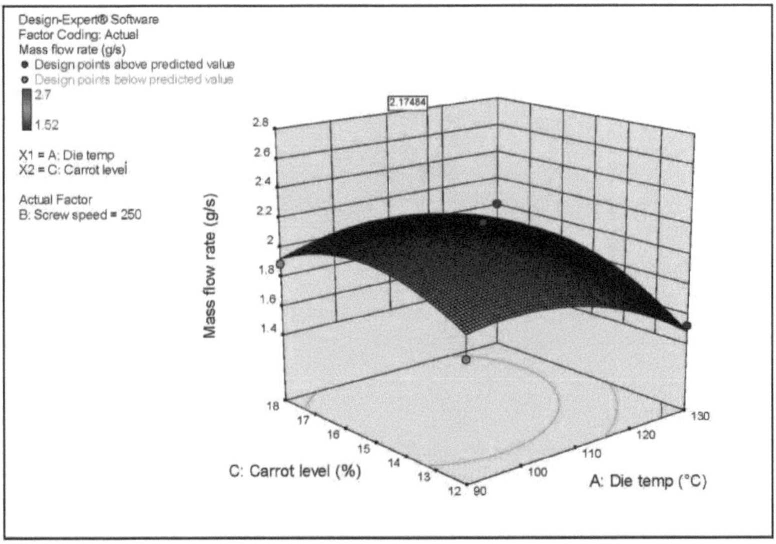

Fig. 4.9 Gráfico de superfície de resposta para o caudal mássico em função da temperatura do molde e do nível de cenoura.

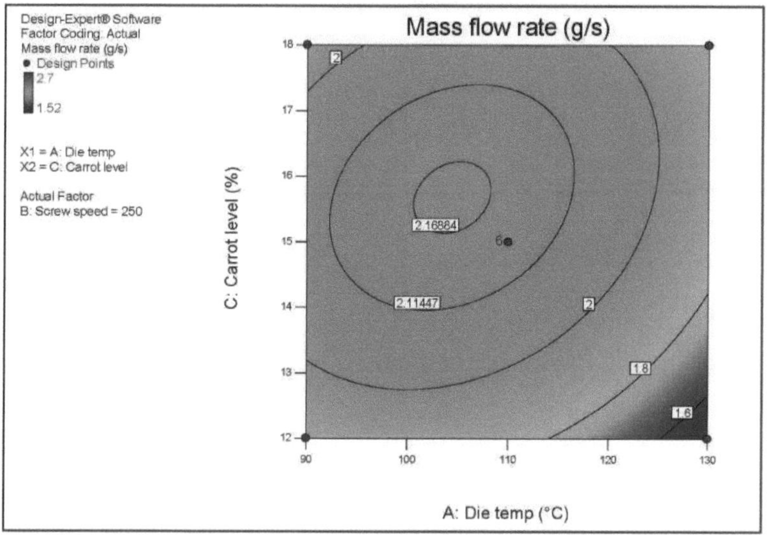

Fig. 4.10 Gráfico de contorno para o caudal mássico em função da temperatura do molde e do nível de cenoura.

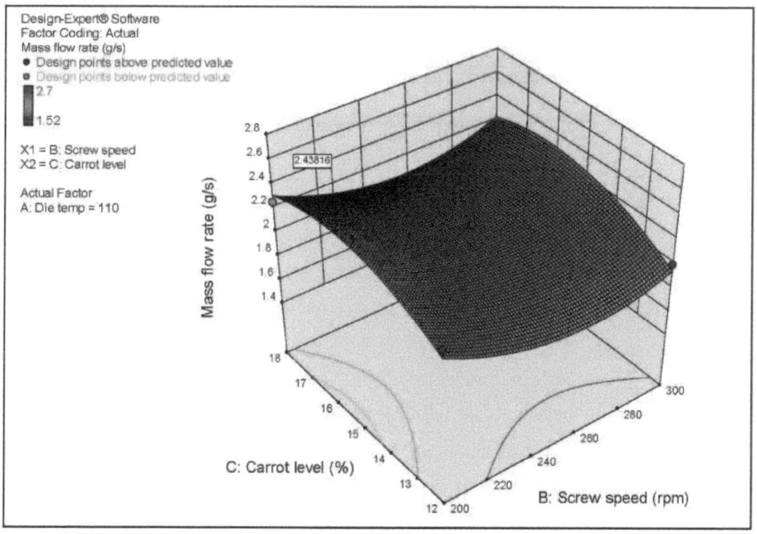

Fig. 4. 11Roteiro de superfície de resposta para o caudal mássico em função da velocidade do parafuso e do nível das cenouras.

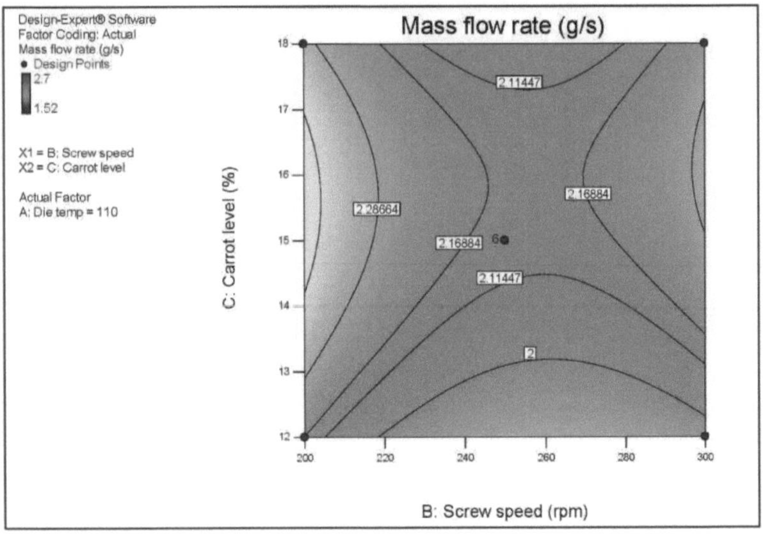

Fig. 4.12 Gráfico de contorno para o caudal mássico em função da velocidade do parafuso e do nível das cenouras.

4.3.2.2 Efeito da temperatura do molde, da velocidade do parafuso e do nível de cenoura no teor de humidade (%w.b.)

O efeito da velocidade do parafuso, da temperatura da matriz e do nível de cenoura no teor de humidade do produto extrudido é apresentado no Quadro 4.2, enquanto a superfície de resposta e os gráficos de contorno para o teor de humidade são apresentados nas Fig. 4.13 a Fig. 4.18.

A Fig.4.13 representa o gráfico de superfície de resposta da variação do teor de humidade em função da temperatura da matriz (x_1) e da velocidade do parafuso (x_2). Mostra o efeito interativo da temperatura do molde e da velocidade do parafuso no teor de humidade, mantendo o nível de cenoura (x_3) constante, ou seja, 15%. A partir do mapa de contorno mostrado na Fig. 4.14, pode-se observar que o teor de humidade diminuiu com o aumento da temperatura da matriz até 110,95 °C e com a velocidade do parafuso de 283,097 rpm. Esperava-se que o teor de humidade diminuísse até 7,23 % (w.b.) nesta combinação de temperatura da matriz e velocidade do parafuso. Com o aumento da temperatura do molde e da velocidade do parafuso, verificou-se que o teor de humidade aumentou.

O efeito da temperatura da matriz (x_1) e do nível de cenoura (x_3) no teor de humidade, mantendo a velocidade do parafuso (x_2) a um nível constante (i.e. 250 rpm), é representado graficamente na Fig. 4.15. O gráfico de contorno apresentado na Fig. 4.16 mostra claramente que o teor de humidade diminuiu com o aumento da temperatura do molde até 112,443 °C e até ao nível mais baixo de cenoura de 12%. Esta combinação de temperatura do molde e nível de cenoura foi suscetível de diminuir o teor de humidade até 5,45 % (w.b.). Verificou-se que o teor de humidade aumentou ligeiramente com o aumento da temperatura do molde.

A Fig. 4.17 revela o efeito interativo da velocidade do parafuso (x_2) e do nível de cenoura (x_3) no teor de humidade, mantendo a temperatura do molde (x_1) a um nível constante, ou seja, 110 °C. A leitura do mapa de contorno apresentado na Fig. 4.18 indica que o teor de humidade diminui com o aumento da velocidade do parafuso até 285.227 rpm e com o nível mínimo de cenoura (12%). Esta interação entre a velocidade do parafuso e o nível de cenoura foi proposta para diminuir o teor de humidade até 5,29% (w.b.). Ao aumentar o nível de cenoura para além de 12%, observou-se que o teor de humidade aumentou.

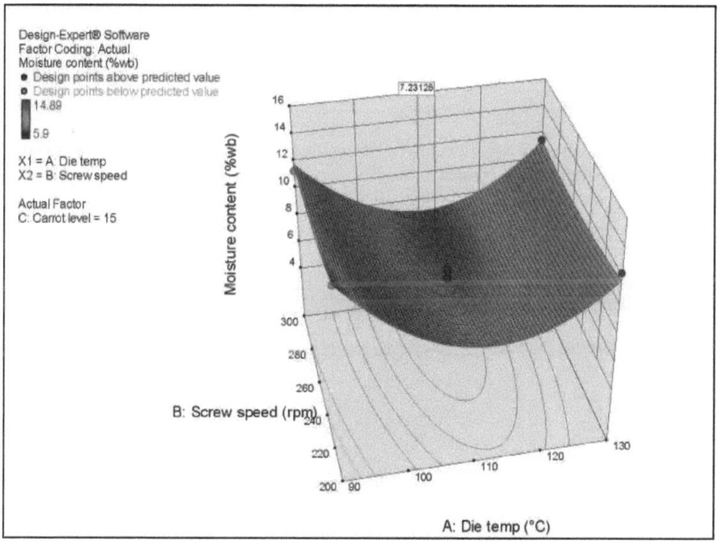

Fig. 4.13 Gráfico de superfície de resposta para o teor de humidade em função da velocidade do parafuso e da temperatura da matriz.

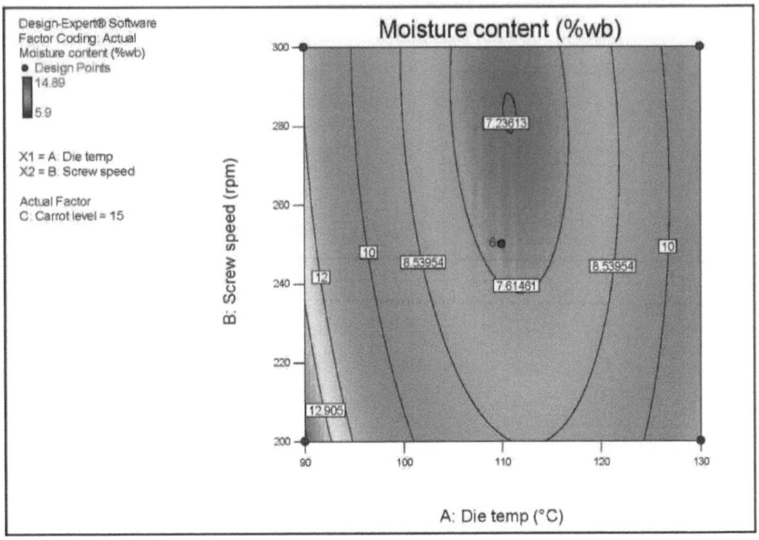

Fig. 4.14 Gráfico de contorno para o teor de humidade em função da velocidade do parafuso e da temperatura do molde.

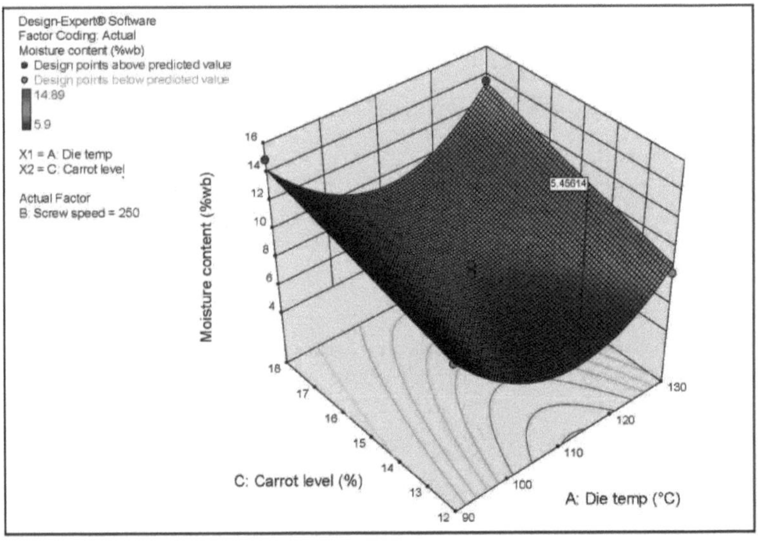

Fig. 4. 15Plotagem da superfície de resposta para o teor de humidade em função da temperatura do molde e do nível de cenoura.

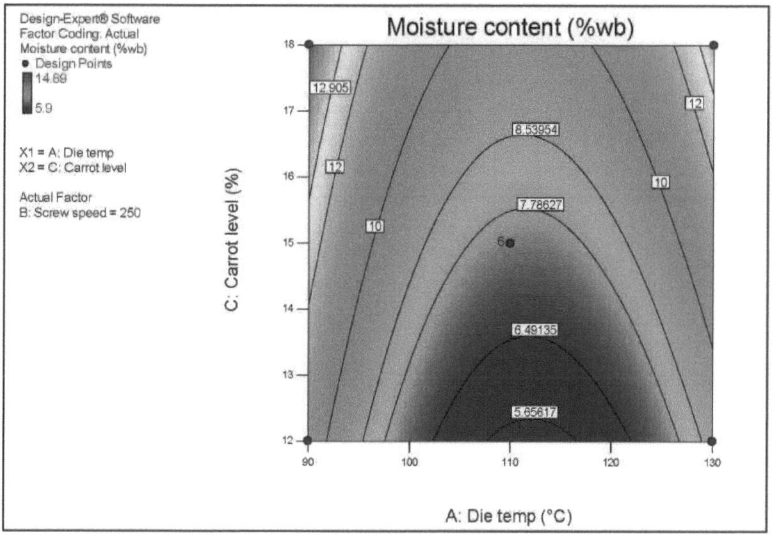

Fig. 4.16 Gráfico de contorno para o teor de humidade em função da temperatura do molde e do nível de cenoura.

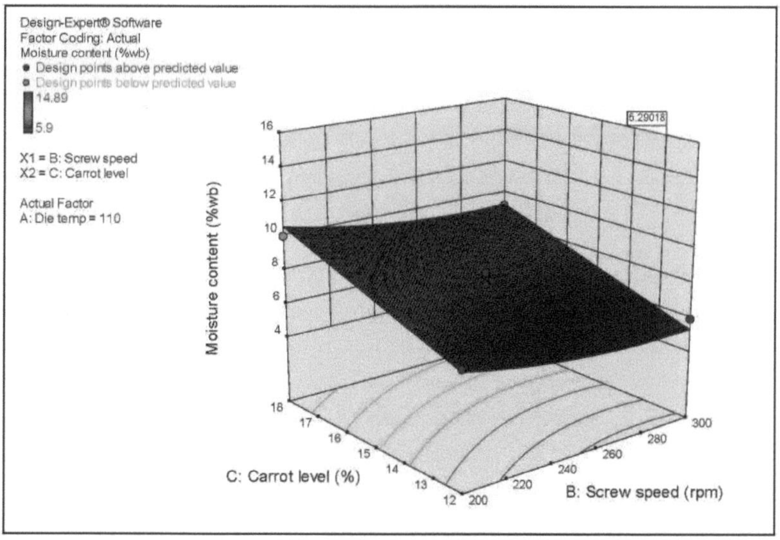

Fig. 4.17 Gráfico de superfície de resposta para o teor de humidade em função da velocidade do parafuso e do nível da cenoura.

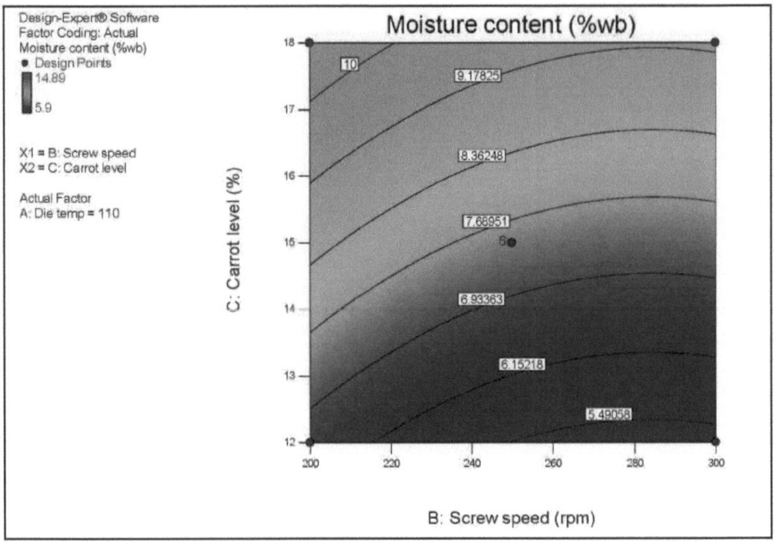

Fig. 4.18 Gráfico de contorno para o teor de humidade em função da velocidade do parafuso e do nível da cenoura.

4.3.2.3 Efeito da temperatura do molde, da velocidade do parafuso e do nível de cenoura no índice de absorção de água (WAI)

O efeito da velocidade do parafuso, da temperatura da matriz e do nível de cenoura no índice de absorção de água do produto extrudido é apresentado no Quadro 4.2, enquanto a superfície de resposta e os gráficos de contorno para o índice de absorção de água são apresentados nas Fig. 4.19 a Fig. 4.24.

A Fig.4.19 representa o gráfico de superfície de resposta da variação do índice de absorção de água em função da temperatura do molde (x_1) e da velocidade do parafuso (x_2). Mostra o efeito interativo da temperatura da matriz e da velocidade da rosca no índice de absorção de água, mantendo o nível de cenoura (x_3) constante, ou seja, 15%. A partir do mapa de contorno mostrado na Fig. 4.20, pode observar-se que o índice de absorção de água aumentou com um aumento da temperatura da matriz até 117,55 °C e no valor mais baixo selecionado da velocidade do parafuso (200 rpm). Esperava-se que o índice de absorção de água aumentasse até 5,72% nesta combinação de temperatura da matriz e velocidade do parafuso. Após um aumento adicional da temperatura da matriz e da velocidade do parafuso, o índice de absorção de água diminuiu.

O efeito da temperatura da matriz (x_1) e do nível de cenoura (x_3) no índice de absorção de água, mantendo a velocidade do parafuso (x_2) a um nível constante (isto é, 250 rpm), é representado graficamente na Fig. 4.21. O gráfico de contorno apresentado na Fig. 4.22 mostra claramente que o índice de absorção de água aumentou com o aumento da temperatura da matriz até 108,64 °C e até ao valor máximo do nível de cenoura (18%). Esta combinação da temperatura do molde e do teor de cenoura é suscetível de aumentar o índice de absorção de água até 5,67%. Verificou-se que este índice diminuía ligeiramente com o aumento da temperatura do molde.

A Fig. 4.23 revela o efeito interativo da velocidade do parafuso (x_2) e do teor de cenoura (x_3) no índice de absorção de água, mantendo a temperatura da matriz (x_1) a um nível constante, ou seja, 110 °C. A leitura do mapa de contorno apresentado na Fig. 4.24 indica que o índice de absorção de água aumenta com o aumento do teor de cenoura até ao seu valor máximo (18%) e com a velocidade da rosca ao seu nível mínimo (200 rpm). Esta interação entre a velocidade do parafuso e o nível de cenoura foi proposta para aumentar o índice de absorção de água até 5,74%. Com o aumento da velocidade do parafuso para além das 200 rpm, observou-se uma diminuição do índice de absorção de água.

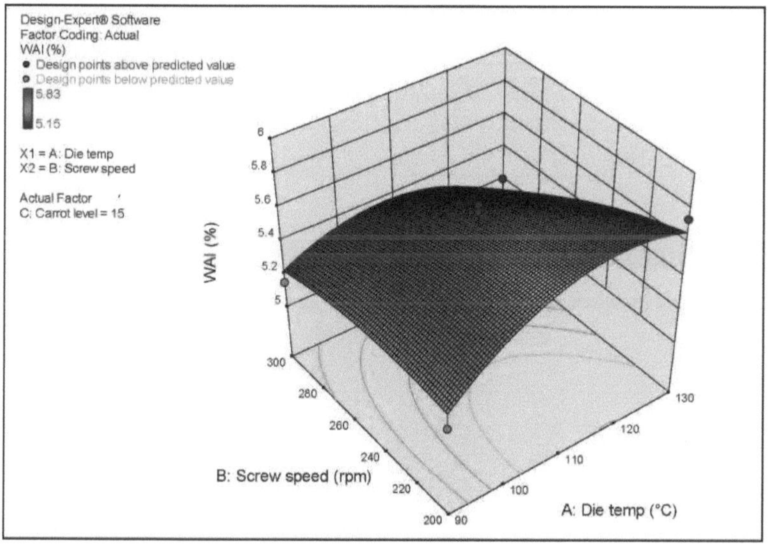

Fig. 4.19 Gráfico de superfície de resposta para o índice de absorção de água em função da velocidade do parafuso e da temperatura da matriz.

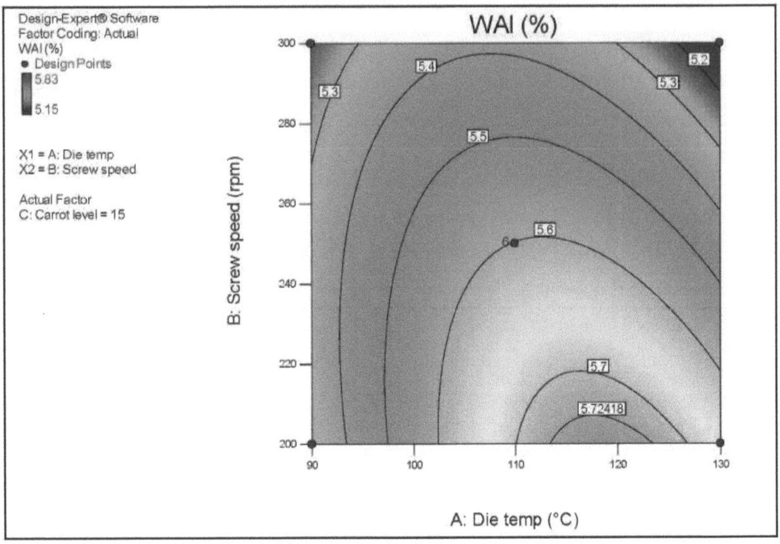

Fig. 4.20 Gráfico de contorno para o índice de absorção de água em função da velocidade do parafuso e da temperatura da matriz.

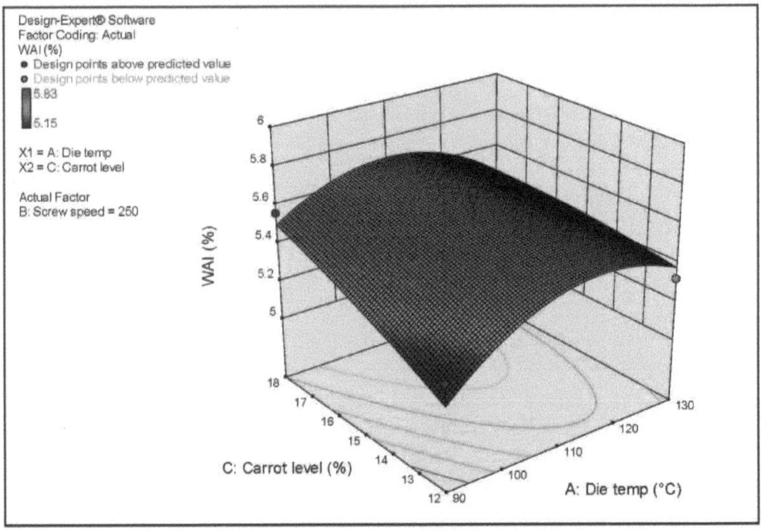

Fig. 4.21 Gráfico de superfície de resposta para o índice de absorção de água em função da temperatura do molde e do nível de cenoura.

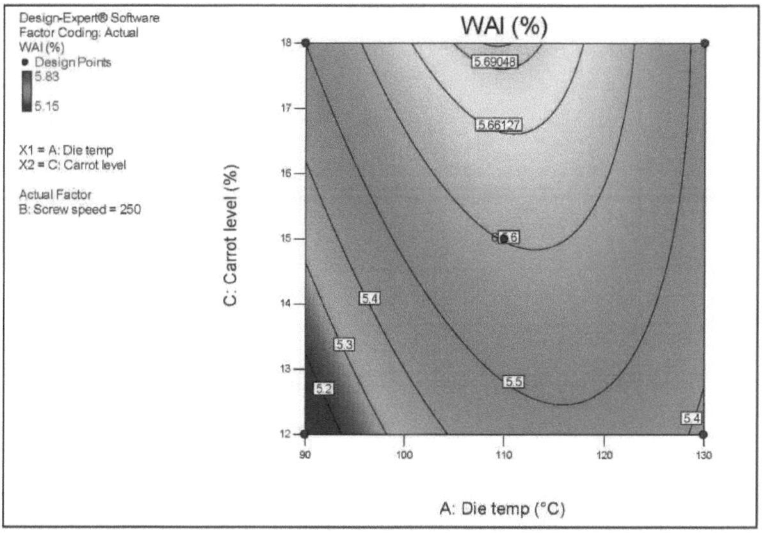

Fig. 4.22 Gráfico de contorno para o índice de absorção de água em função da temperatura do molde e do nível de cenoura.

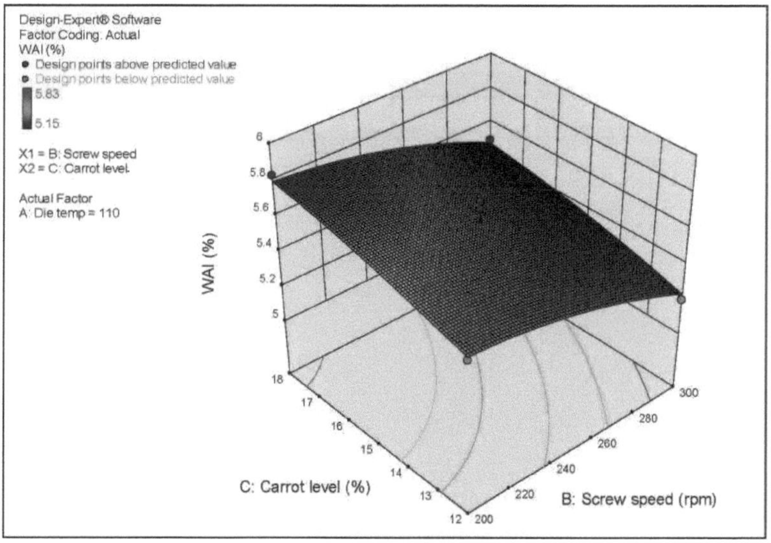

Fig. 4.23 Gráfico de superfície de resposta para o índice de absorção de água em função da velocidade do parafuso e do nível de cenoura.

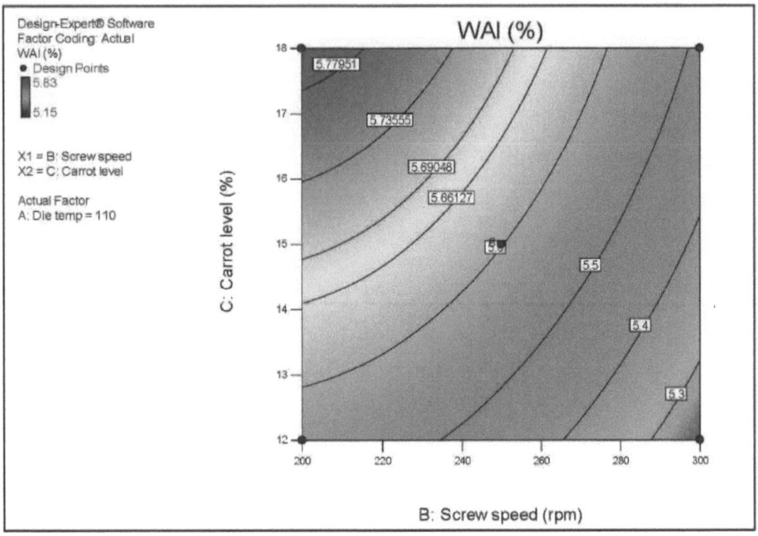

Fig. 4.24 Gráfico de contorno para o índice de absorção de água em função da velocidade do parafuso e do nível da cenoura.

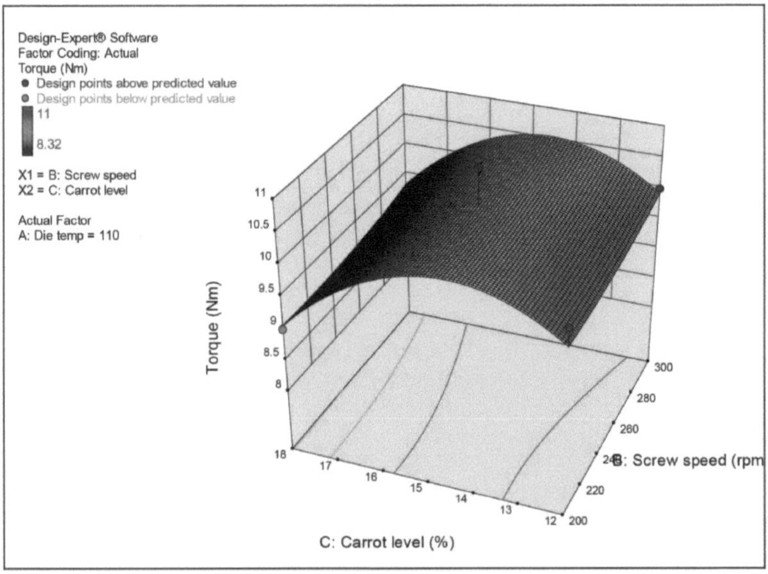

Fig. 4.5 Gráfico da superfície de resposta para o binário em função da velocidade do parafuso e do nível da cenoura.

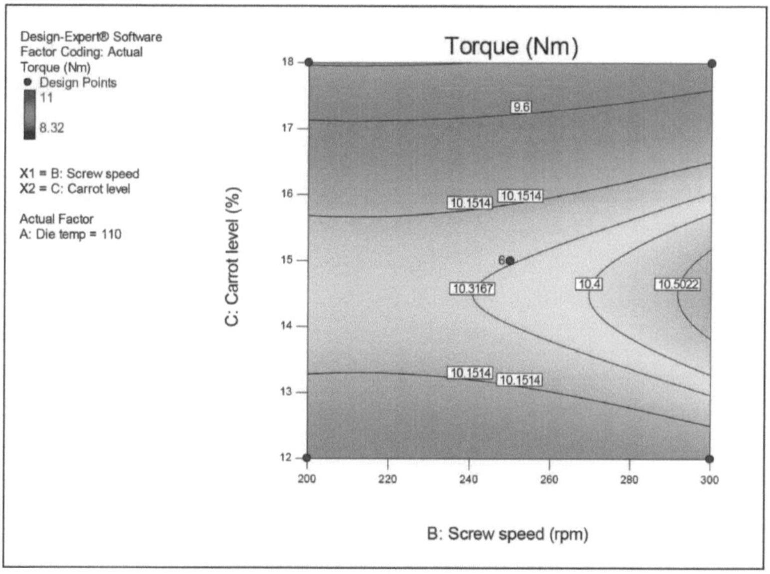

Fig. 4.6 Gráfico de contorno para o binário em função da velocidade do parafuso e do nível da cenoura.

4.3.2.4 Efeito da temperatura do molde, da velocidade do parafuso e do nível de cenoura no índice de solubilidade em água (WSI)

O efeito da velocidade do parafuso, da temperatura da matriz e do nível de cenoura no índice de solubilidade em água do produto extrudido é apresentado na Tabela 4.2, enquanto a superfície de resposta e os gráficos de contorno para o índice de solubilidade em água são apresentados nas Fig. 4.25 a Fig. 4.30.

A Fig. 4.25 representa o gráfico de superfície de resposta da variação do índice de solubilidade da água em função da temperatura da matriz (x_1) e da velocidade do parafuso (x_2). Mostra o efeito interativo da temperatura do molde e da velocidade do parafuso no índice de solubilidade da água, mantendo o nível de cenoura (x_3) a um nível constante, ou seja, 15%. A partir do mapa de contorno mostrado na Fig. 4.26, pode-se observar que o índice de solubilidade da água aumentou com um aumento na temperatura da matriz até 109,295 °C e no nível mais alto de velocidade do parafuso de 300 rpm. Esperava-se que o índice de solubilidade em água aumentasse até 23,789 g/g nesta combinação de temperatura da matriz e velocidade do parafuso. Com o aumento da temperatura da matriz, o índice de solubilidade da água diminuiu.

O efeito da temperatura do molde (x_1) e do nível de cenoura (x_3) no índice de solubilidade da água, mantendo a velocidade do parafuso (x2) a um nível constante (isto é, 250 rpm), está representado graficamente na Fig. 4.27. O gráfico de contorno apresentado na Fig. 4.28 mostra claramente que o índice de solubilidade da água aumentou com o aumento da temperatura da matriz até 112,142 °C e até ao nível mais baixo de cenoura de 12%. Esta combinação da temperatura do molde e do teor de cenoura é suscetível de diminuir o índice de solubilidade em água até 23,85 g/g. Verificou-se que diminuiu ligeiramente com o aumento da temperatura do molde.

A Fig. 4.29 revela o efeito interativo da velocidade do parafuso (x2) e do nível de cenoura (x3) no índice de solubilidade da água, mantendo a temperatura da matriz (x1) a um nível constante, ou seja, 110 °C. A leitura do mapa de contorno, como indicado na Fig. 4.30, indica que o índice de solubilidade da água aumentou com o aumento da velocidade do parafuso até ao nível máximo de 300 rpm e nível de cenoura de 12,23%. Esta interação entre a velocidade da rosca e o teor de cenoura foi proposta para aumentar o índice de solubilidade em água até 24,77 g/g. Com o aumento do nível de cenoura para além de 12,23%, observou-se que o índice de solubilidade em água diminuiu.

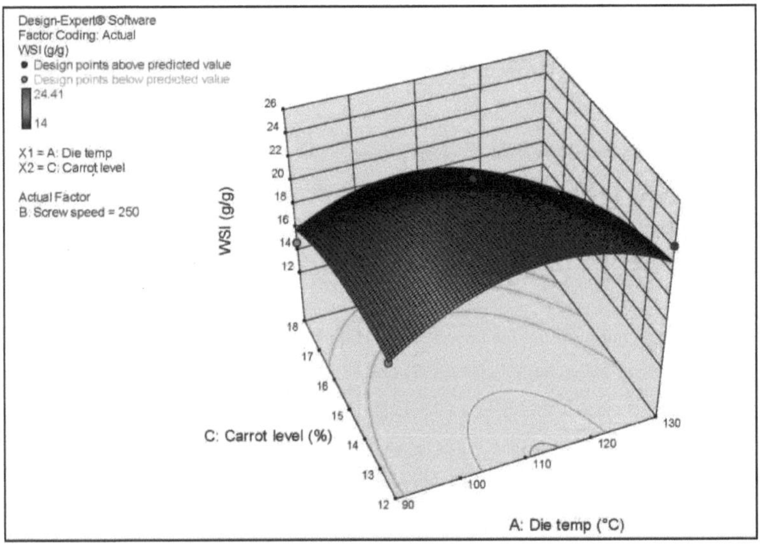

Fig. 4.27 Gráfico de superfície de resposta para o índice de solubilidade em água em função da temperatura do molde e do nível de cenoura.

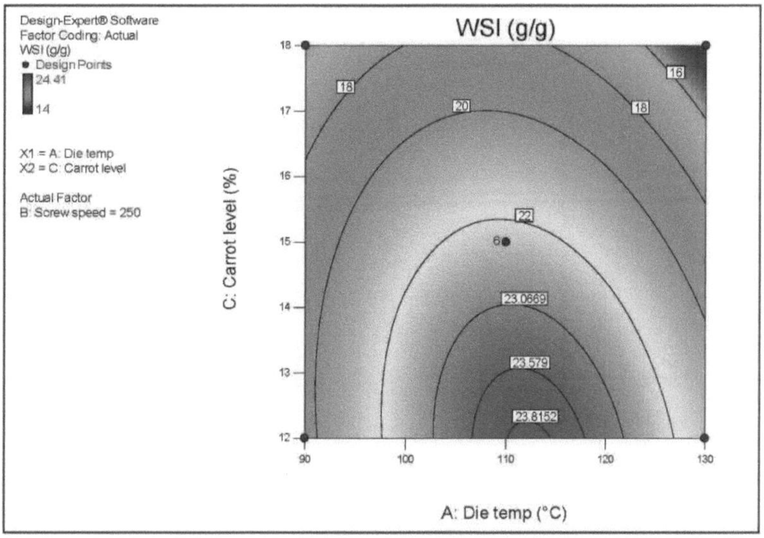

Fig. 4.28 Gráfico de contorno para o índice de solubilidade em água em função da temperatura do molde e do nível de cenoura.

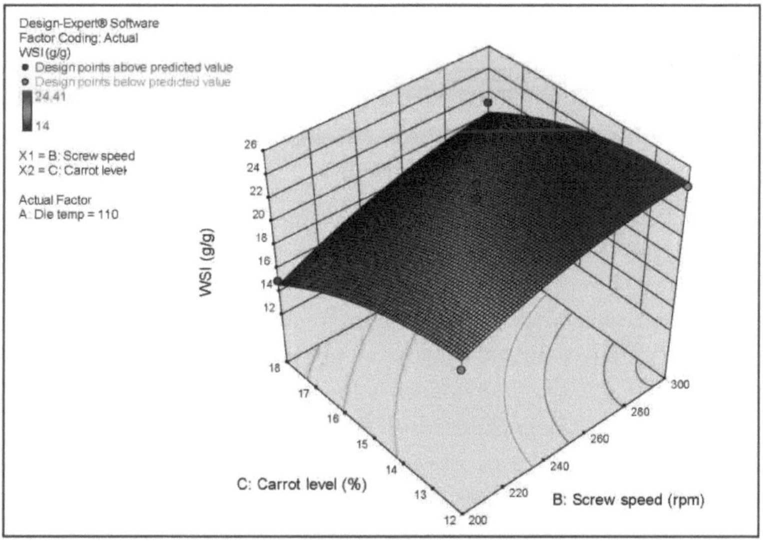

Fig. 4.29 Gráfico de superfície de resposta para o índice de solubilidade em água em função da velocidade da rosca e do nível de cenoura.

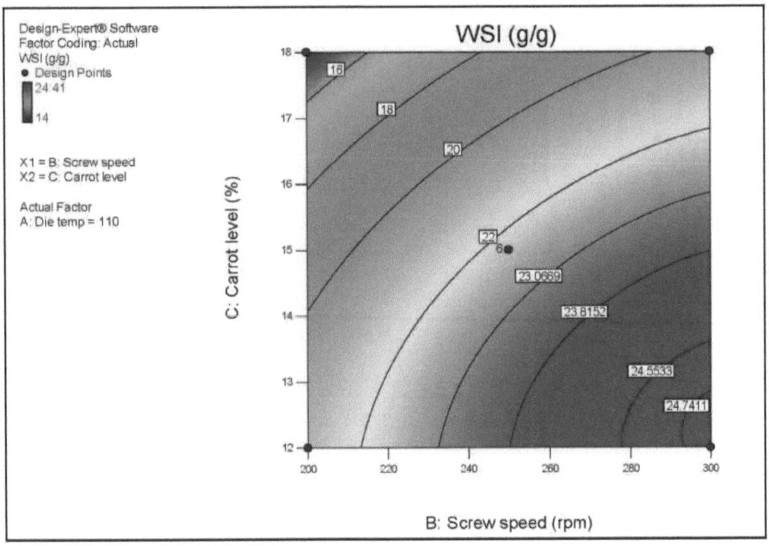

Fig. 4.30 Gráfico de contorno para o índice de solubilidade em água em função da velocidade do parafuso e do nível da cenoura.

4.3.2.5 Efeito da temperatura do molde, da velocidade do parafuso e do nível de cenoura na capacidade de absorção de óleo (OAC)

O efeito da velocidade do parafuso, da temperatura da matriz e do nível de cenoura na capacidade de absorção de óleo do produto extrudido é apresentado no Quadro 4.2, enquanto a superfície de resposta e os gráficos de contorno para a capacidade de absorção de óleo são apresentados nas Figuras 4.31 a 4.36.

A Fig. 4.31 representa o gráfico de superfície de resposta da variação da capacidade de absorção de óleo em função da temperatura da matriz (x_1) e da velocidade do parafuso (x_2). Mostra o efeito interativo da temperatura da matriz e da velocidade da rosca na capacidade de absorção de óleo, mantendo o nível de cenoura (x_3) constante, ou seja, 15%. A partir do mapa de contorno apresentado na Fig. 4.32, pode observar-se que a capacidade de absorção de óleo aumentou com o aumento da temperatura da matriz até 118,98 °C e com a velocidade do parafuso de 231,79 rpm. Esperava-se que a capacidade de absorção de óleo aumentasse até 0,97 g/g com esta combinação de temperatura da matriz e velocidade do parafuso. Após um novo aumento da temperatura da matriz e da velocidade do parafuso, verificou-se que a capacidade de absorção de óleo diminuiu.

O efeito da temperatura da matriz (x_1) e do nível de cenoura (x_3) na capacidade de absorção de óleo, mantendo a velocidade do parafuso (x_2) a um nível constante (isto é, 250 rpm), é representado graficamente na Fig. 4.33. O gráfico de contorno apresentado na Fig. 4.34 mostra claramente que a capacidade de absorção de óleo aumentou com um aumento da temperatura da matriz até 124,267 °C e com um nível de cenoura de 12,33%. Esta combinação de temperatura da matriz e nível de cenoura foi suscetível de aumentar a capacidade de absorção de óleo até 1,019 g/g. Verificou-se que diminuiu ligeiramente com o aumento da temperatura da matriz e do teor de cenoura.

A Fig. 4.35 revela o efeito interativo da velocidade do parafuso (X_2) e do nível de cenoura (X_3) na capacidade de absorção de óleo, mantendo a temperatura da matriz (X_1) a um nível constante, ou seja, 110 °C. A leitura do mapa de contorno apresentado na Fig. 4.36 indica que a capacidade de absorção de óleo aumenta com o aumento da velocidade do parafuso até 227,88 rpm e um nível de cenoura de 13,02%. Esta interação entre a velocidade do parafuso e o nível de cenoura foi proposta para aumentar a capacidade de absorção de óleo até 0,99 g/g. Após um novo aumento da velocidade do parafuso e do nível de cenoura para além deste ponto, observou-se uma diminuição da capacidade de absorção de óleo.

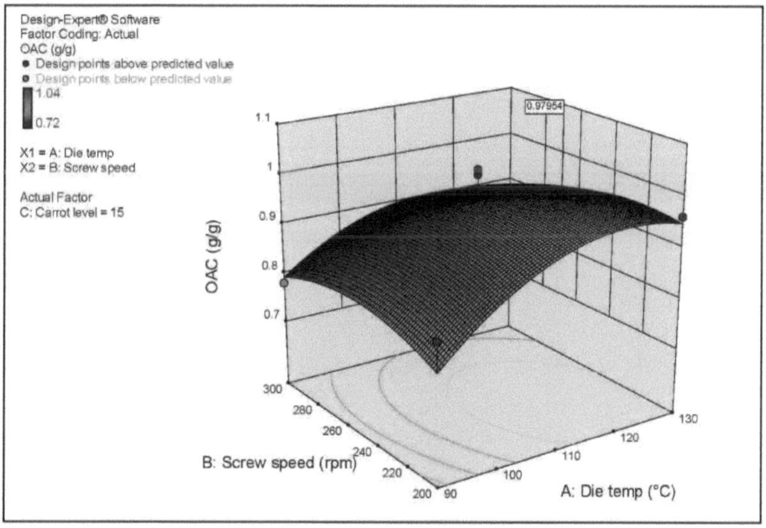

Fig. 4. 31Roteiro de superfície de resposta para a capacidade de absorção de óleo em função da velocidade do parafuso e da temperatura da matriz.

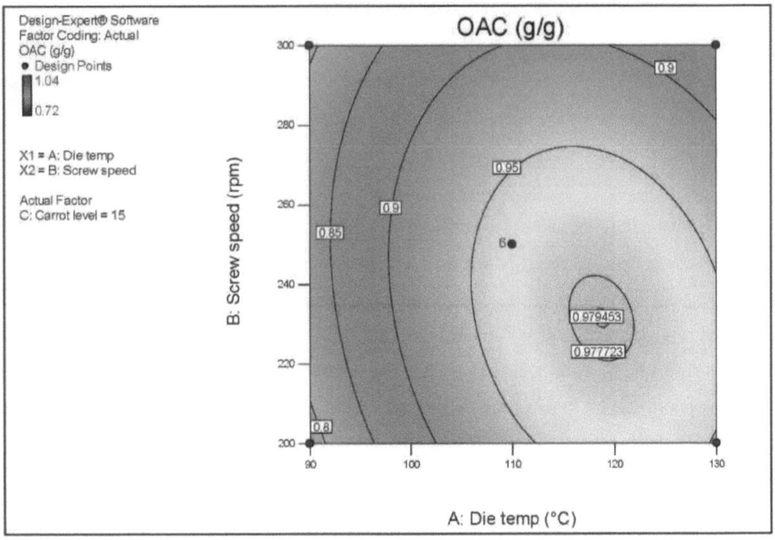

Fig. 4.32 Gráfico de contorno para a capacidade de absorção de óleo em função da velocidade do parafuso e da temperatura da matriz.

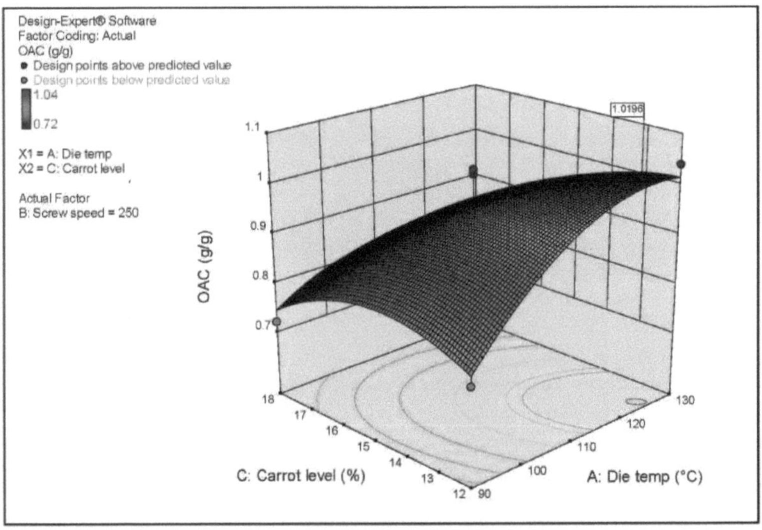

Fig. 4.33 Gráfico de superfície de resposta para a capacidade de absorção de óleo em função da temperatura do molde e do nível de cenoura.

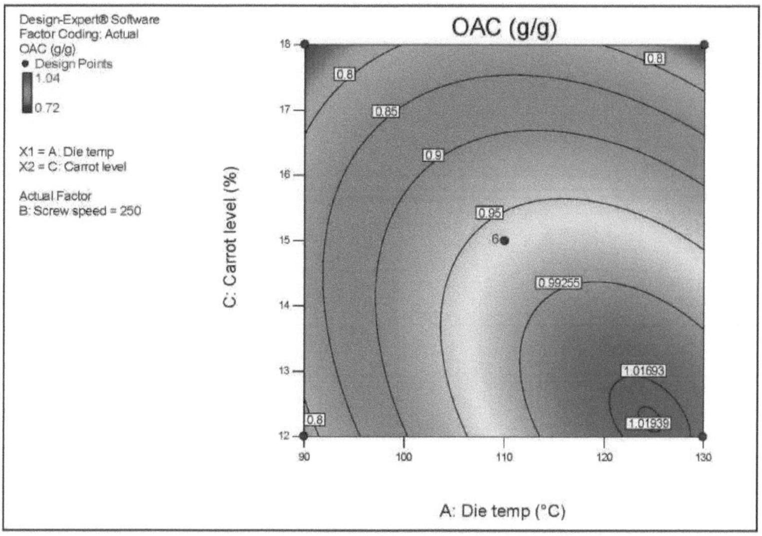

Fig. 4.34 Gráfico de contorno para a capacidade de absorção de óleo em função da temperatura do molde e do nível de cenoura.

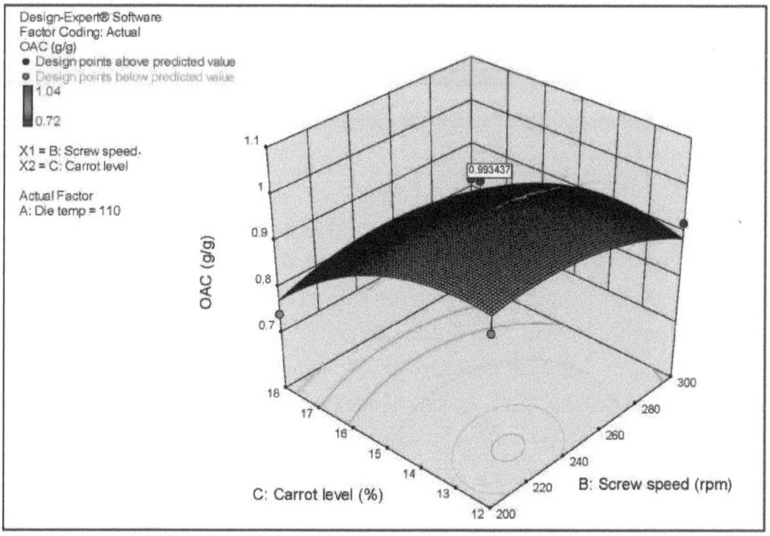

Fig. 4.35 Gráfico de superfície de resposta para a capacidade de absorção de óleo em função da velocidade do parafuso e do nível de cenoura.

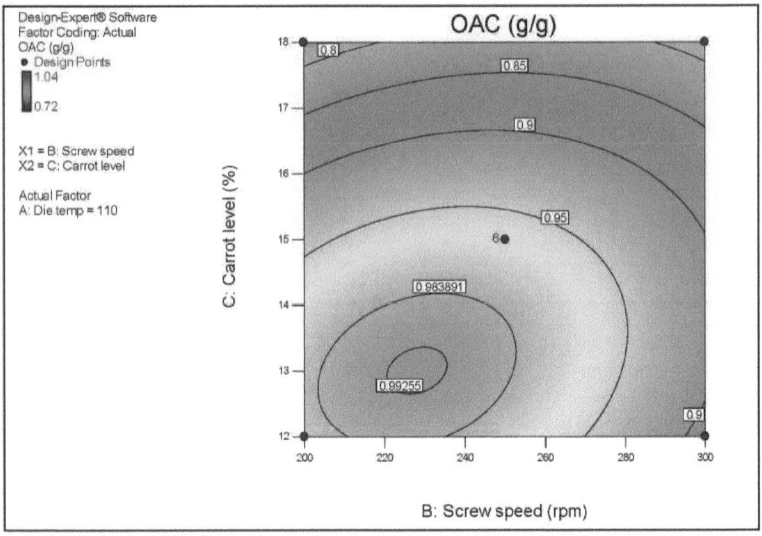

Fig. 4.36 Gráfico de contorno para a capacidade de absorção de óleo em função da velocidade do parafuso e do nível de cenoura.

4.3.2.6 Efeito da temperatura da matriz, da velocidade do parafuso e do nível de cenoura na densidade aparente O efeito da velocidade do parafuso, da temperatura da matriz e do nível de cenoura na densidade aparente do produto extrudido é apresentado na Tabela 4.2, enquanto a superfície de resposta e os gráficos de contorno para a densidade aparente são apresentados nas Fig. 4.37 a Fig. 4.42.

A Fig. 4.37 representa o gráfico de superfície de resposta da variação da densidade aparente em função da temperatura da matriz (x_1) e da velocidade do parafuso (x_2). Mostra o efeito interativo da temperatura da matriz e da velocidade da rosca na densidade aparente, mantendo o nível de cenoura (x_3) constante, ou seja, 15%. A partir do mapa de contorno apresentado na Fig. 4.38, pode observar-se que o valor mais elevado da densidade aparente, 244,89 kg/m3 , foi encontrado no valor mais baixo da temperatura da matriz e da velocidade do parafuso. A densidade aparente diminuiu com o aumento da temperatura da matriz até 113,27 °C e com a velocidade do parafuso de 272,20 rpm. Esperava-se que a densidade a granel diminuísse até 113,34 kg/m^3 nesta combinação de temperatura da matriz e velocidade do parafuso. Após um novo aumento da temperatura da matriz e da velocidade do parafuso, verificou-se que a densidade aparente aumentou.

O efeito da temperatura da matriz (x_1) e do nível de cenoura (x_3) na densidade aparente, mantendo a velocidade do parafuso (x2) a um nível constante (isto é, 250 rpm), está representado graficamente na Fig. 4.39. O gráfico de contorno apresentado na Fig. 4.40 mostra claramente que a densidade aparente diminuiu com o aumento da temperatura da matriz até 113,33 °C e com o valor mais baixo do nível de cenoura, isto é, 12%. Esta combinação de temperatura e nível de cenoura é suscetível de diminuir a densidade aparente até 60,98 kg/m3. Verificou-se que aumentava ligeiramente com o aumento da temperatura da matriz e do teor de cenoura. O valor máximo da densidade aparente, ou seja, 227,419 kg/m3 , foi registado com o valor mais elevado de cenoura (18%) e o valor mais baixo de temperatura (90 °C).

A Fig. 4.41 revela o efeito interativo da velocidade do parafuso (x2) e do teor de cenoura (x3) na densidade aparente, mantendo a temperatura da matriz (x1) a um nível constante, ou seja, 110 °C. A leitura do mapa de contorno apresentado na Fig. 4.42 indica que a densidade aparente diminui com o aumento da velocidade do parafuso até 282.102 rpm e com o valor mais baixo do teor de cenoura, isto é, 12%. Esta interação entre a velocidade do parafuso e o nível de cenoura foi proposta para diminuir a densidade aparente até 56,89 kg/m3. Após um novo aumento da velocidade do parafuso e do nível de cenoura para além deste ponto, observou-se que a densidade aparente aumentou.

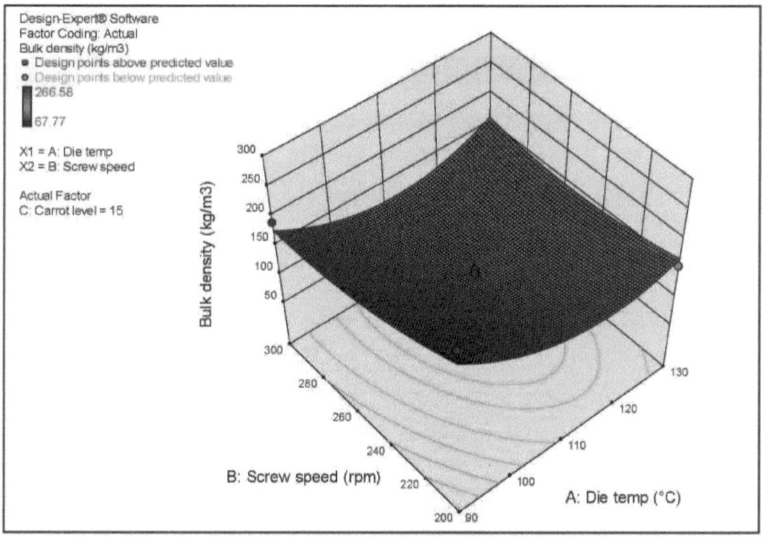

Fig. 4.37 Gráfico de superfície de resposta para a densidade aparente em função da velocidade do parafuso e da temperatura da matriz.

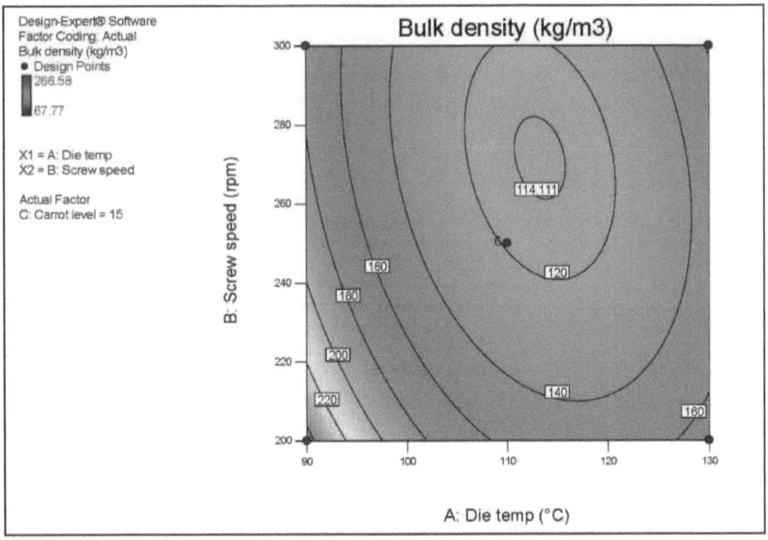

Fig. 4.38 **Gráfico de contorno para a densidade aparente em função da velocidade do parafuso e da temperatura da matriz.**

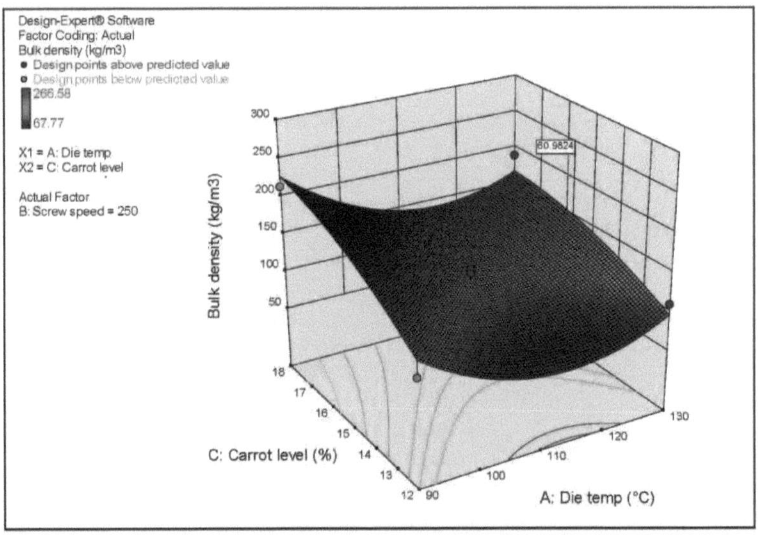

Fig. 4.39 Gráfico de superfície de resposta para a densidade aparente em função da temperatura do molde e do teor de cenoura.

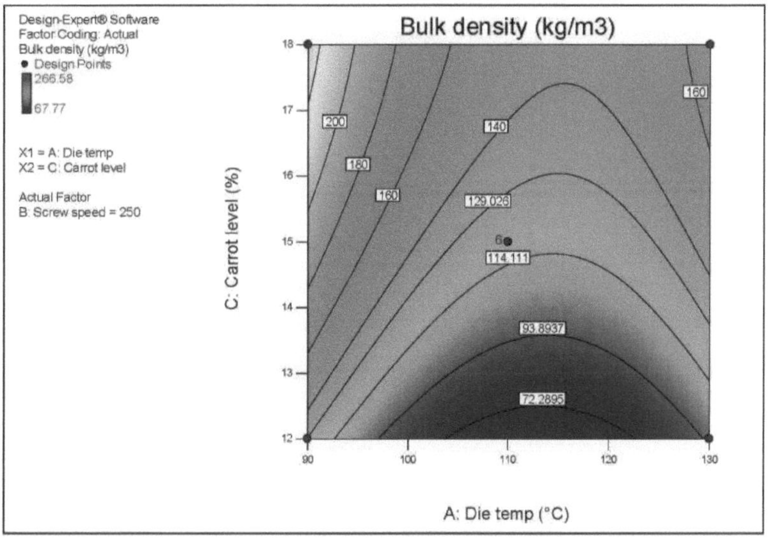

Fig. 4.40 Gráfico de contorno para a densidade aparente em função da temperatura da matriz e do nível de cenoura.

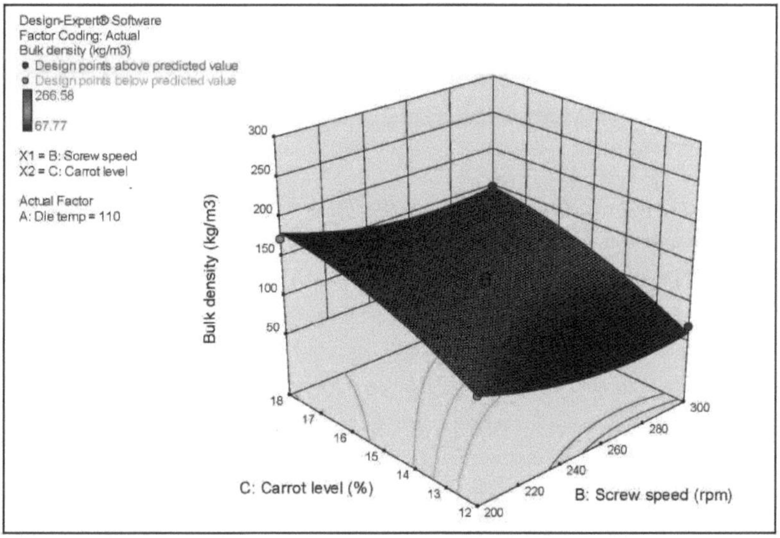

Fig. 4.41 Gráfico de superfície de resposta para a densidade aparente em função da velocidade do parafuso e do nível de cenoura.

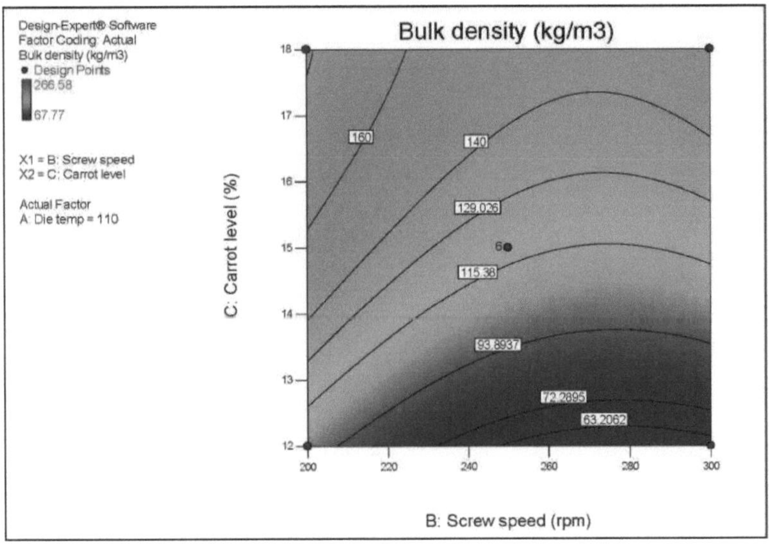

Fig. 4.42 Gráfico de contorno para a densidade aparente em função da velocidade do parafuso e do nível da cenoura.

4.3.2.7 Efeito da temperatura da matriz, da velocidade do parafuso e do nível da cenoura na densidade real

O efeito da velocidade do parafuso, da temperatura da matriz e do nível de cenoura na densidade real do produto extrudido é apresentado no Quadro 4.2, enquanto a superfície de resposta e os gráficos de contorno para a densidade real são apresentados nas Figuras 4.43 a 4.48.

A Fig.4.43 representa o gráfico de superfície de resposta da variação da densidade real em função da temperatura da matriz (x_1) e da velocidade do parafuso (x_2). Mostra o efeito interativo da temperatura da matriz e da velocidade do parafuso na densidade real, mantendo o nível de cenoura (x_3) a um nível constante, ou seja, 15%. A partir do mapa de contorno apresentado na Fig. 4.44, pode observar-se que a densidade real aumentou com o aumento da velocidade do parafuso até ao seu valor mais elevado de 300 rpm e à temperatura mais baixa da matriz, ou seja, 90 °C. Esperava-se que a densidade real aumentasse até 704,131 kg/m3 nesta combinação de temperatura da matriz e velocidade do parafuso. Após um aumento adicional da temperatura da matriz, verificou-se que a densidade real diminuía.

O efeito da temperatura da matriz (x_1) e do nível de cenoura (x_3) na densidade real, mantendo a velocidade do parafuso (x_2) a um nível constante (isto é, 250 rpm), é representado graficamente na Fig. 4.45. O gráfico de contorno apresentado na Fig. 4.46 mostra claramente que a densidade real aumentou com o aumento do nível de cenoura até ao seu valor máximo, isto é, 18%, e ao valor mais baixo da temperatura da matriz, isto é, 90°C. Esta combinação da temperatura do molde e do nível de cenoura foi suscetível de aumentar a densidade real até 723,06 kg/m3. Verificou-se que diminuía ligeiramente com o aumento da temperatura da matriz e a diminuição do nível de cenoura. A densidade real mínima foi de 566,84 kg/m3 à temperatura de 123,38 °C e ao nível mais baixo de cenoura, isto é, 12%.

A Fig. 4.47 revela o efeito interativo da velocidade do parafuso (x_2) e do nível de cenoura (x_3) na densidade real, mantendo a temperatura da matriz (x_1) a um nível constante, ou seja, 110 °C. A leitura do mapa de contorno apresentado na Fig. 4.48 indica que a densidade real aumenta com o aumento da velocidade do parafuso até ao nível mais elevado, ou seja, 300 rpm, e com o valor mais elevado do teor de cenoura, ou seja, 18%. Esta interação entre a velocidade do parafuso e o nível de cenoura foi proposta para aumentar a densidade real até 698,269 kg/m3. Após uma nova diminuição da velocidade do parafuso e do nível de cenoura para além deste ponto, observou-se que a densidade real diminuía. Com o valor mais baixo de nível de cenoura, isto é, 12%, e o valor mais alto de velocidade do parafuso, isto é, 300 rpm, verificou-se que a densidade real era, no mínimo, de 546,556 kg/m3.

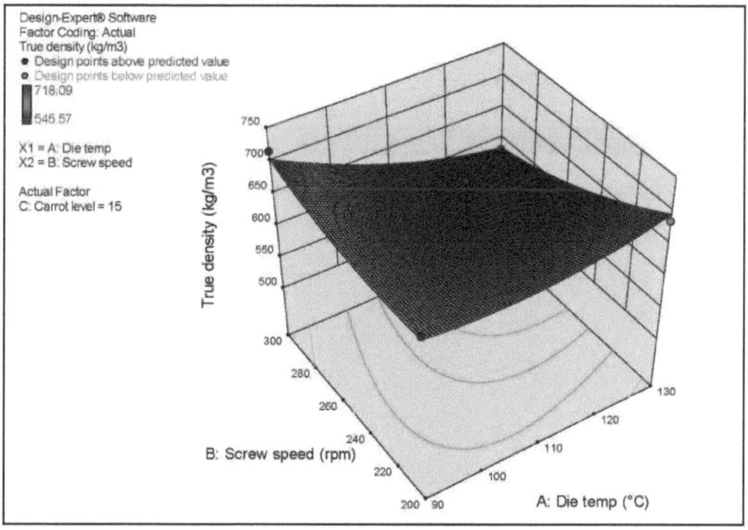

Fig. 4.43 Gráfico da superfície de resposta para a densidade real em função da velocidade do parafuso e da

temperatura da matriz.

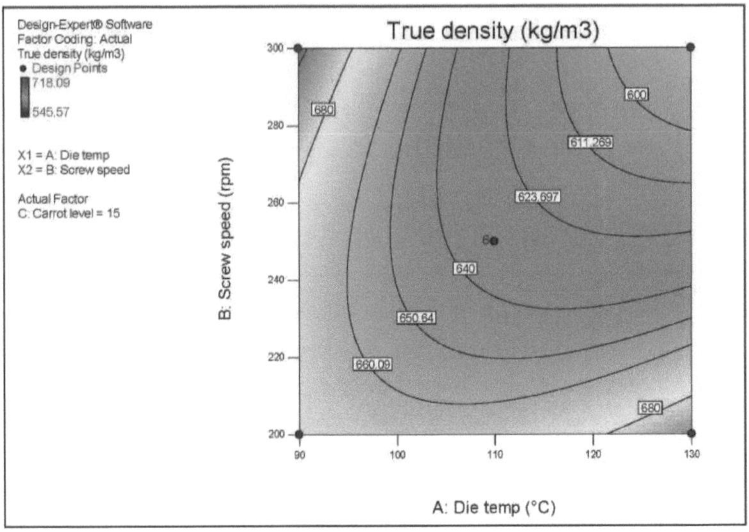

Fig. 4.44 Gráfico de contorno para a densidade real em função da velocidade do parafuso e da temperatura da matriz.

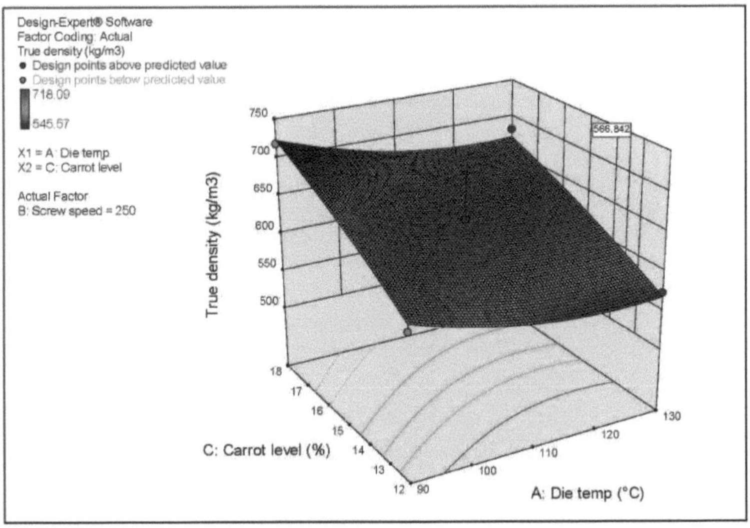

Fig. 4. 45Plotagem da superfície de resposta para a densidade real em função da temperatura da matriz e do nível de cenoura.

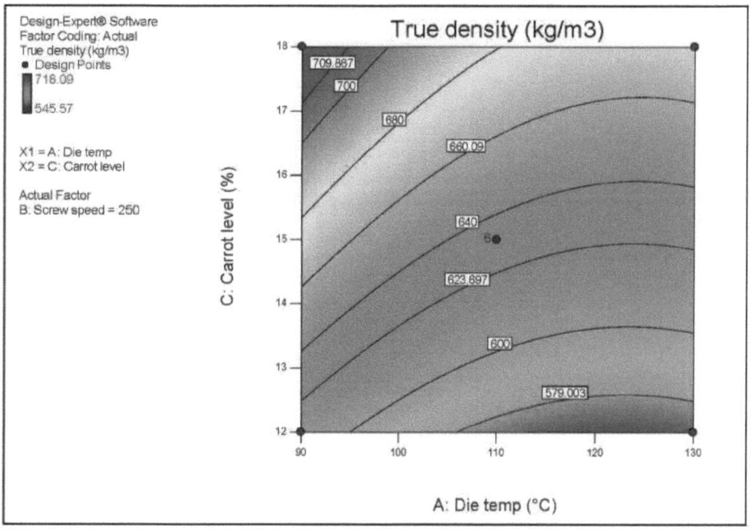

Fig. 4.46 Gráfico de contorno para a densidade real em função da temperatura da matriz e do nível de cenoura.

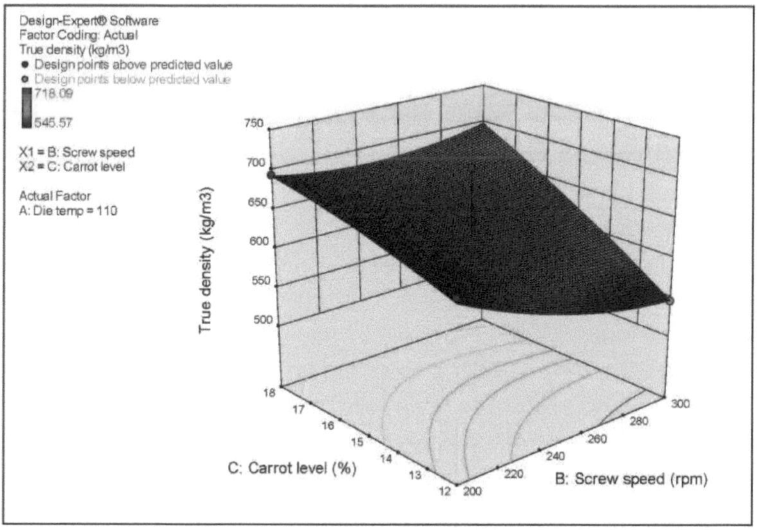

Fig. 4. 47Plotagem da superfície de resposta para a densidade real em função da velocidade do parafuso e do nível da cenoura.

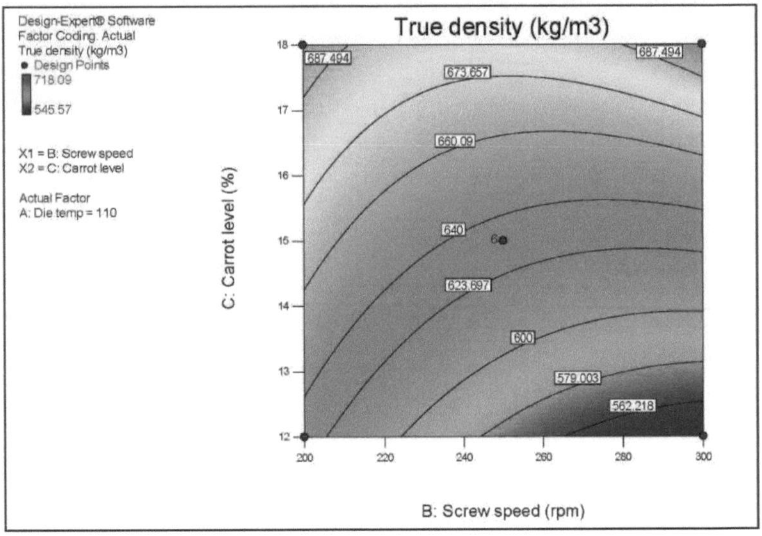

Fig. 4.48 Gráfico de contorno para a densidade real em função da velocidade do parafuso e do nível da cenoura.

4.3.2.8 Efeito da temperatura do molde, da velocidade do parafuso e do nível de cenoura na taxa de reidratação (RR)

O efeito da velocidade do parafuso, da temperatura da matriz e do nível de cenoura na taxa de reidratação do produto extrudido é apresentado no Quadro 4.2, enquanto a superfície de resposta e os gráficos de contorno para a taxa de reidratação são apresentados nas Figuras 4.49 a 4.54.

A Fig. 4.49 representa o gráfico de superfície de resposta da variação do rácio de reidratação em função da temperatura da matriz (x_1) e da velocidade do parafuso (x_2). Mostra o efeito interativo da temperatura da matriz e da velocidade da rosca na taxa de reidratação, mantendo o nível de cenoura (x_3) constante, ou seja, 15%. A partir do mapa de contorno apresentado na Fig. 4.50, pode observar-se que a taxa de reidratação aumentou com o aumento da temperatura da matriz até 113,392 °C e com a velocidade do parafuso de 299,74 rpm. Esperava-se que a taxa de reidratação aumentasse até 3,49% nesta combinação de temperatura da matriz e velocidade do parafuso. Após uma nova alteração da temperatura da matriz e da velocidade do parafuso, verificou-se que o rácio de reidratação diminuiu.

O efeito da temperatura da matriz (x_1) e do nível de cenoura (x_3) na taxa de reidratação, mantendo a velocidade do parafuso (x_2) a um nível constante (isto é, 250 rpm), está representado graficamente na Fig. 4.51. O gráfico de contorno apresentado na Fig. 4.52 mostra claramente que a taxa de reidratação aumentou com o aumento da temperatura da matriz até 115,949 °C e com o valor mais baixo do nível de cenoura, ou seja, 12%. Esta combinação da temperatura do molde e do teor de cenoura é suscetível de diminuir a taxa de reidratação até 5,82%. Verificou-se que diminuía ligeiramente com o aumento da temperatura da matriz e do teor de cenoura.

A Fig. 4.53 revela o efeito interativo da velocidade do parafuso (x_2) e do nível de cenoura (x_3) na taxa de reidratação, mantendo a temperatura da matriz (x_1) a um nível constante, ou seja, 110 °C. A leitura do mapa de contorno apresentado na Fig. 4.54 indica que a razão de reidratação aumentou com o aumento da velocidade do parafuso até ao nível máximo de 300 rpm e ao valor mais baixo do nível de cenoura, isto é, 12%. Esta interação entre a velocidade da rosca e o teor de cenoura foi proposta para aumentar a taxa de reidratação até 6,69 %. Após um novo aumento do nível de cenoura para além deste ponto, observou-se que o rácio de reidratação diminuiu.

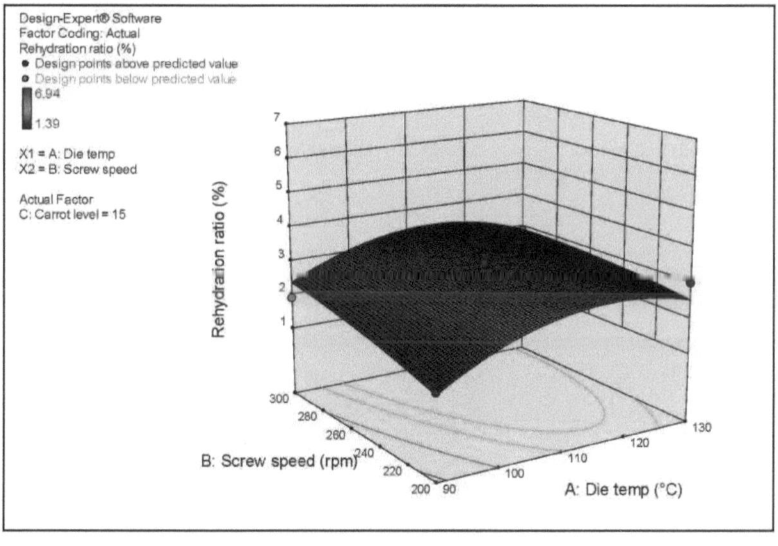

Fig. 4.49 Gráfico de superfície de resposta para o rácio de reidratação em função da velocidade do parafuso e da temperatura da matriz.

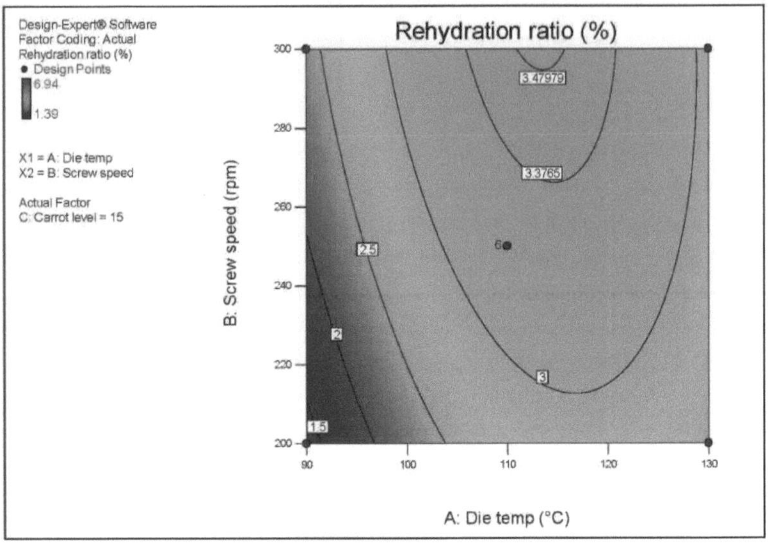

Fig. 4.50 Gráfico de contorno para o rácio de reidratação em função da velocidade do parafuso e da temperatura do molde.

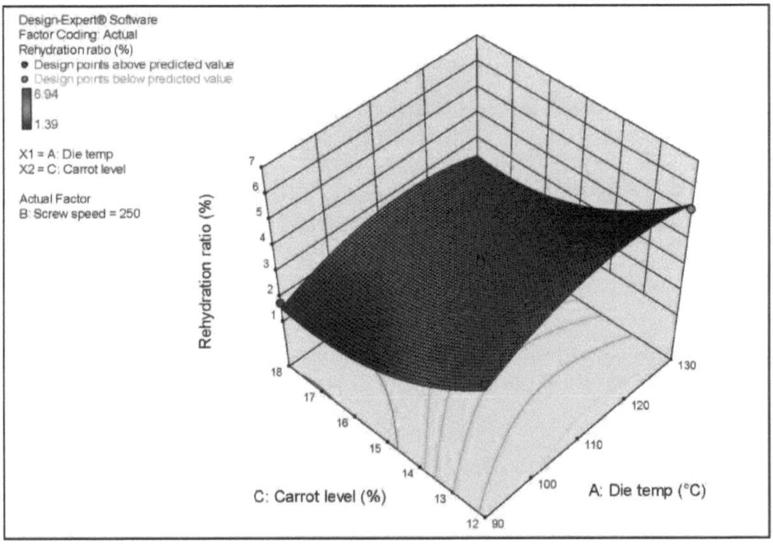

Fig. 4.51 Gráfico de superfície de resposta para o rácio de reidratação em função da temperatura do molde e do nível de cenoura.

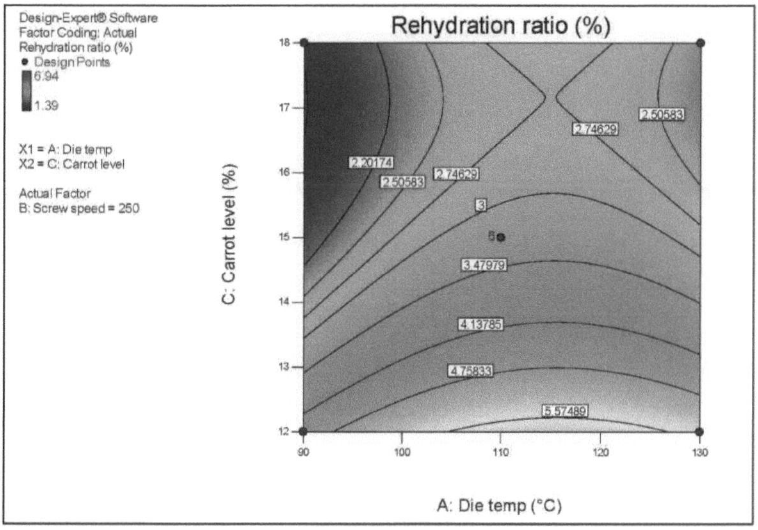

Fig. 4.52 Gráfico de contorno para o rácio de reidratação em função da temperatura do molde e do nível de cenoura.

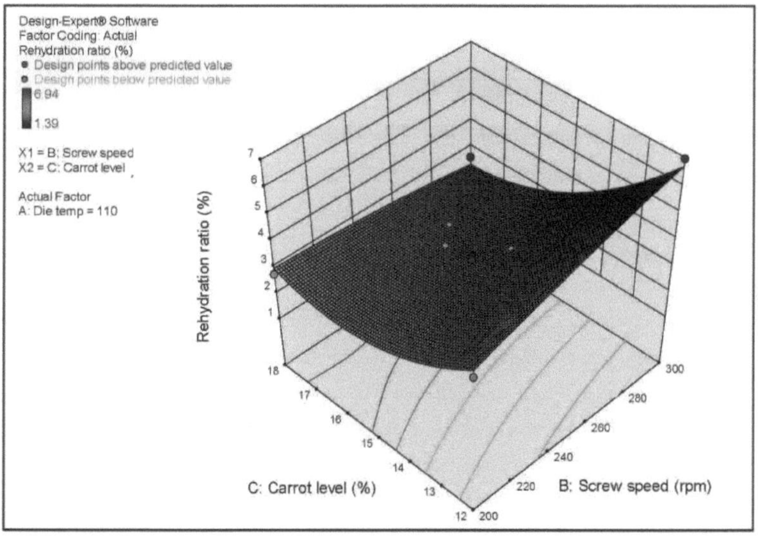

Fig. 4.53 Gráfico de superfície de resposta para o rácio de reidratação em função da velocidade do parafuso e do nível da cenoura.

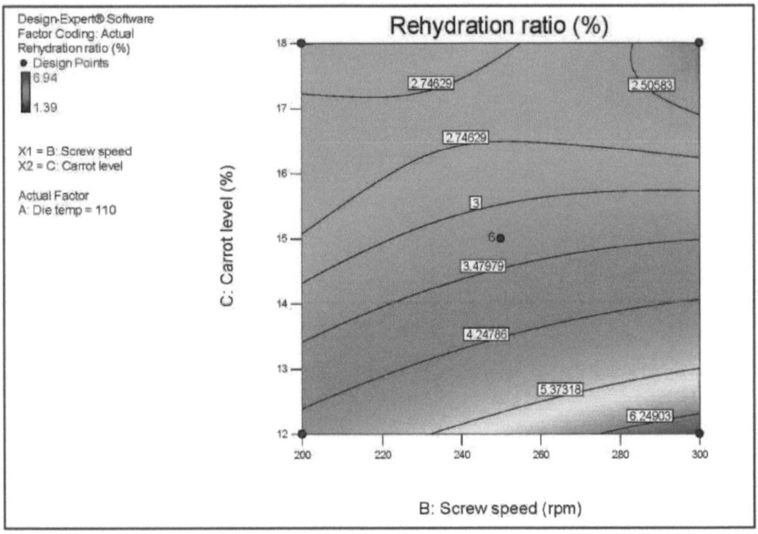

Fig. 4.54 Gráfico de contorno para a taxa de reidratação em função da velocidade do parafuso e do nível da cenoura.

4.3.2.9 Efeito da temperatura do molde, da velocidade do parafuso e do nível de cenoura no rácio de expansão (ER)

O efeito da velocidade do parafuso, da temperatura da matriz e do nível de cenoura na taxa de expansão do produto extrudido é apresentado na Tabela 4.2, enquanto a superfície de resposta e os gráficos de contorno para a taxa de expansão são apresentados nas Figuras 4.55 a 4.60.

A Fig.4.55 representa o gráfico de superfície de resposta da variação do rácio de expansão em função da temperatura da matriz (x_1) e da velocidade do parafuso (x_2). Mostra o efeito interativo da temperatura do molde e da velocidade da rosca na taxa de expansão, mantendo o nível de cenoura (x_3) a um nível constante, ou seja, 15%. A partir do mapa de contorno apresentado na Fig. 4.56, pode observar-se que a taxa de expansão aumentou com o aumento da temperatura da matriz até 112,205 °C e com a velocidade do parafuso de 267,84 rpm. Esperava-se que o rácio de expansão aumentasse até 4,216 % com esta combinação de temperatura da matriz e velocidade do parafuso. Após um novo aumento da temperatura da matriz e da velocidade do parafuso, verificou-se que o rácio de expansão diminuiu.

O efeito da temperatura da matriz (x_1) e do nível de cenoura (x_3) na taxa de expansão, mantendo a velocidade do parafuso (x_2) a um nível constante (isto é, 250 rpm), é representado graficamente na Fig. 4.57. O gráfico de contorno apresentado na Fig. 4.58 mostra claramente que o rácio de expansão aumentou com o aumento da temperatura da matriz até 112,682 °C e com o valor mais baixo do nível de cenoura, isto é, 12%. Esta combinação da temperatura do molde e do nível de cenoura é suscetível de diminuir o rácio de expansão até 4,809%. Verificou-se que diminuía ligeiramente com o aumento da temperatura da matriz e do nível de cenoura.

A Fig. 4.59 revela o efeito interativo da velocidade do parafuso (x_2) e do nível de cenoura (x_3) na taxa de expansão, mantendo a temperatura da matriz (x_1) a um nível constante, ou seja, 110 °C. A leitura do mapa de contorno apresentado na Fig. 4.60 indica que a taxa de expansão aumentou com o aumento da velocidade do parafuso até 272.159 rpm e com o valor mais baixo do nível de cenoura, isto é, 12%. Esta interação entre a velocidade do parafuso e o nível de cenoura foi proposta para aumentar a taxa de expansão até 4,86%. Após um novo aumento da velocidade do parafuso e do nível de cenoura para além deste ponto, observou-se que o rácio de expansão diminuiu.

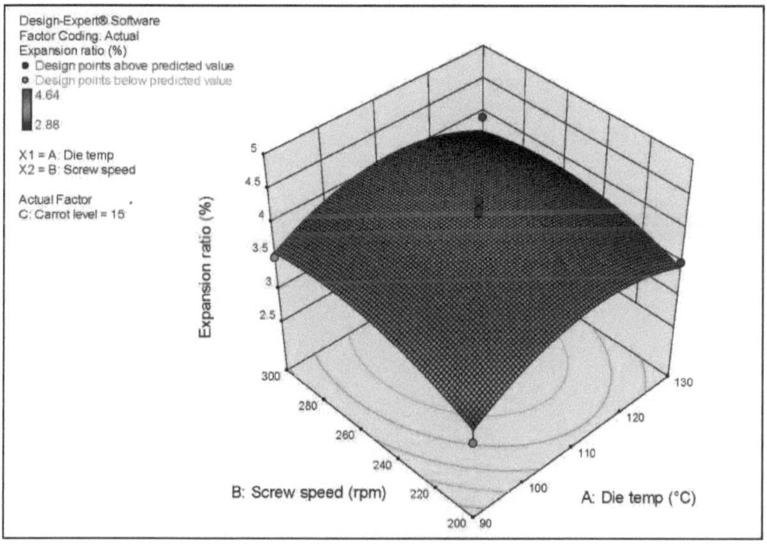

Fig. 4.55 Gráfico de superfície de resposta para o rácio de expansão em função da velocidade do parafuso e da temperatura da matriz.

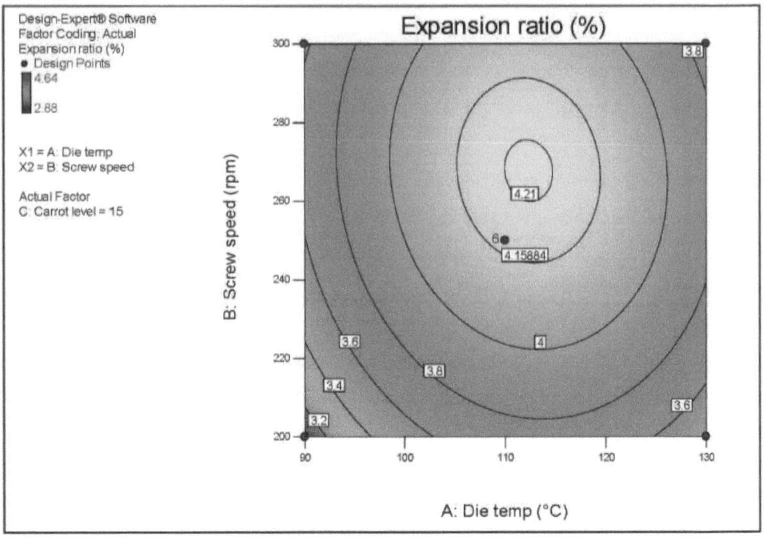

Fig. 4.56 Gráfico de contorno para o rácio de expansão em função da velocidade do parafuso e da temperatura da matriz.

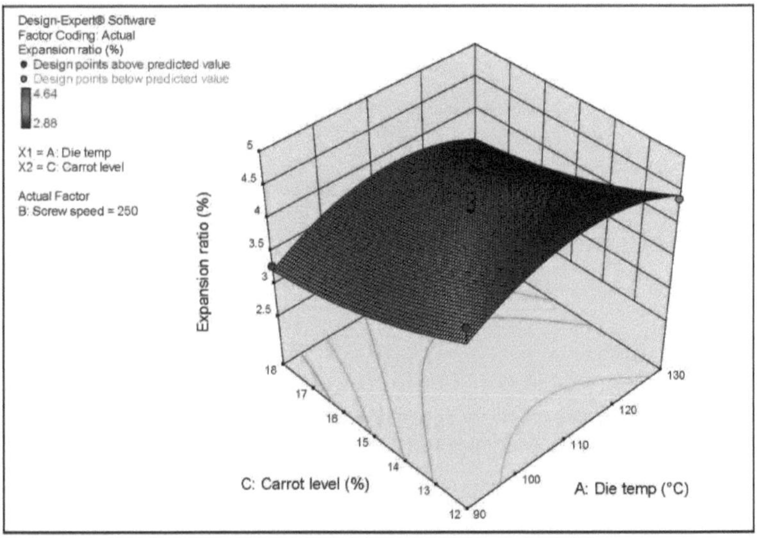

Fig. 4.57Plot de superfície de resposta para o rácio de expansão em função da temperatura da matriz e do nível de cenoura.

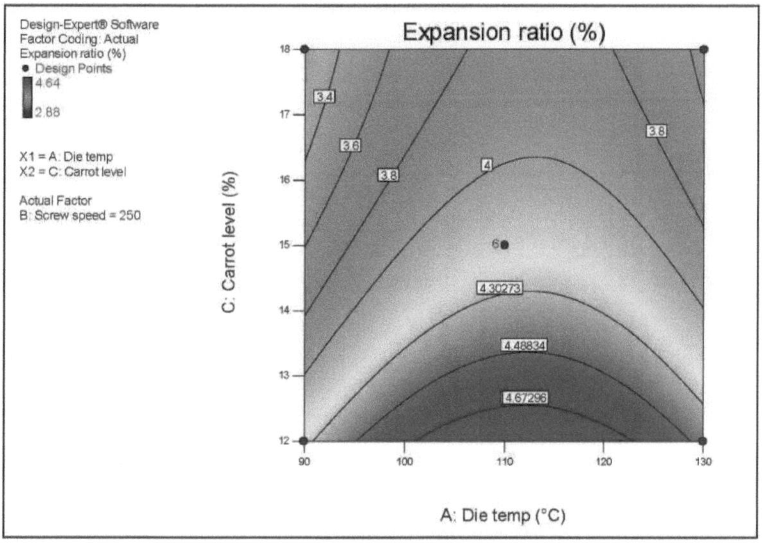

Fig. 4.58 Gráfico de contorno para o rácio de expansão em função da temperatura da matriz e do nível de cenoura.

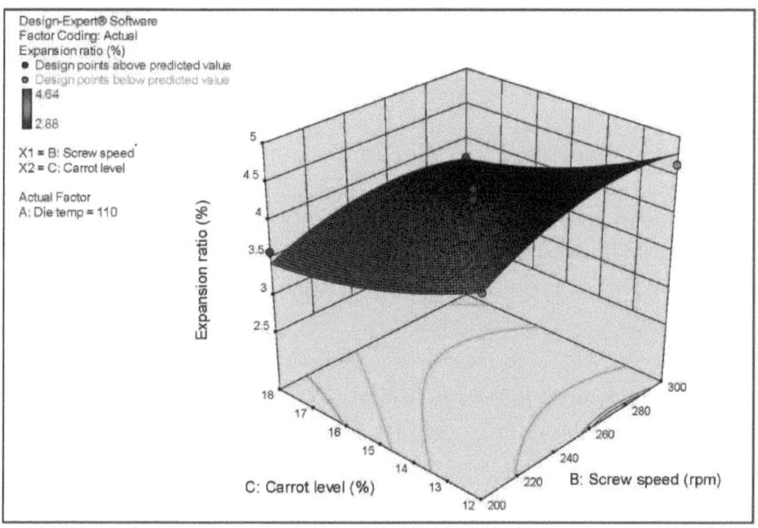

Fig. 4. 59Plotagem da superfície de resposta para o rácio de expansão em função

da velocidade do parafuso e do nível da cenoura.

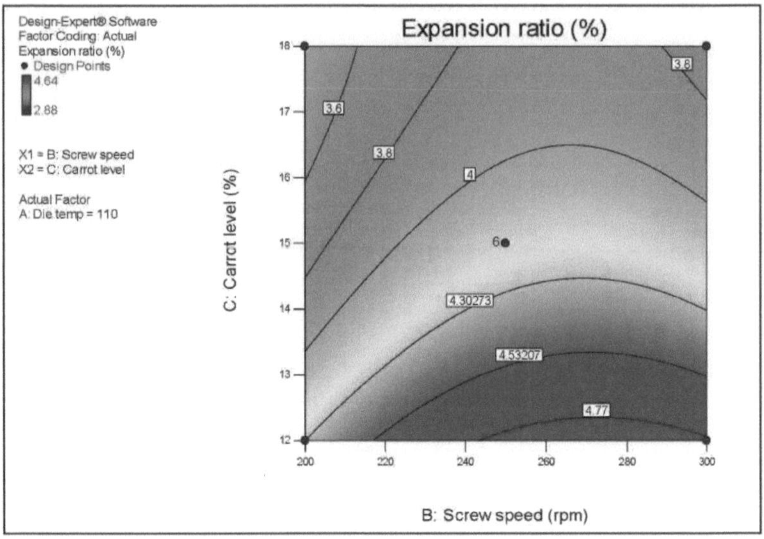

Fig. 4.60Traçado de contorno para o rácio de expansão em função da velocidade do parafuso e

nível da cenoura

4.3.2.10 Efeito da temperatura do molde, da velocidade do parafuso e do nível de cenoura na capacidade de retenção de água (WHC)

O efeito da velocidade do parafuso, da temperatura da matriz e do nível de cenoura na capacidade de retenção de água do produto extrudido é apresentado no Quadro 4.2, enquanto a superfície de resposta e os gráficos de contorno para a capacidade de retenção de água são apresentados nas Figuras 4.61 a 4.66.

A Fig. 4.61 representa o gráfico de superfície de resposta da variação da capacidade de retenção de água em função da temperatura da matriz (x_1) e da velocidade da rosca (x_2). Mostra o efeito interativo da temperatura da matriz e da velocidade da rosca na capacidade de retenção de água, mantendo o nível de cenoura (x_3) constante, ou seja, 15%. A partir do mapa de contorno apresentado na Fig. 4.62, pode observar-se que a capacidade de absorção de óleo (OAC) aumentou com o aumento da temperatura da matriz até 120,88 °C e à velocidade mais baixa do parafuso de 200 rpm. Esperava-se que a capacidade de retenção de água aumentasse até 429,58% com esta combinação de temperatura da matriz e velocidade do parafuso. Com outro valor da temperatura da matriz de 105,19°C e a velocidade mais alta do parafuso de 300 rpm, a capacidade de retenção de água também aumentou até 427,93%. Após um novo aumento da temperatura da matriz e da velocidade do parafuso, verificou-se que a capacidade de retenção de água diminuiu.

O efeito da temperatura da matriz (x1) e do nível de cenoura (x3) na capacidade de retenção de água, mantendo a velocidade do parafuso (x2) a um nível constante (isto é, 250 rpm), é representado graficamente na Fig. 4.63. O gráfico de contorno apresentado na Fig. 4.64 mostra claramente que a capacidade de retenção de água aumentou com um aumento da temperatura da matriz até 113,04 °C e com um nível de cenoura de 15,04%. Esta combinação de temperatura e nível de cenoura é suscetível de diminuir a capacidade de retenção de água até 396,394%. Verificou-se que esta diminuía ligeiramente com o aumento da temperatura da matriz e do teor de cenoura.

A Fig. 4.65 revela o efeito interativo da velocidade do parafuso (x2) e do nível de cenoura (x3) na capacidade de retenção de água, mantendo a temperatura da matriz (x1) a um nível constante, ou seja, 110 °C. A leitura do mapa de contorno apresentado na Fig. 4.66 indica que a capacidade de retenção de água aumentou com um aumento do nível de cenoura de 14,66% no valor mais elevado da velocidade do parafuso de 300 rpm. Esta interação entre a velocidade do parafuso e o teor de cenoura foi proposta para aumentar a capacidade de retenção de água até 424,804 %. Após um aumento do nível de cenoura para além deste ponto, observou-se uma diminuição da capacidade de retenção de água. Verificou-se outra interação: a um nível de cenoura de 16,02% e ao valor mais baixo da velocidade do parafuso, ou seja, 200 rpm, a capacidade de retenção de água aumentou até 413,75%.

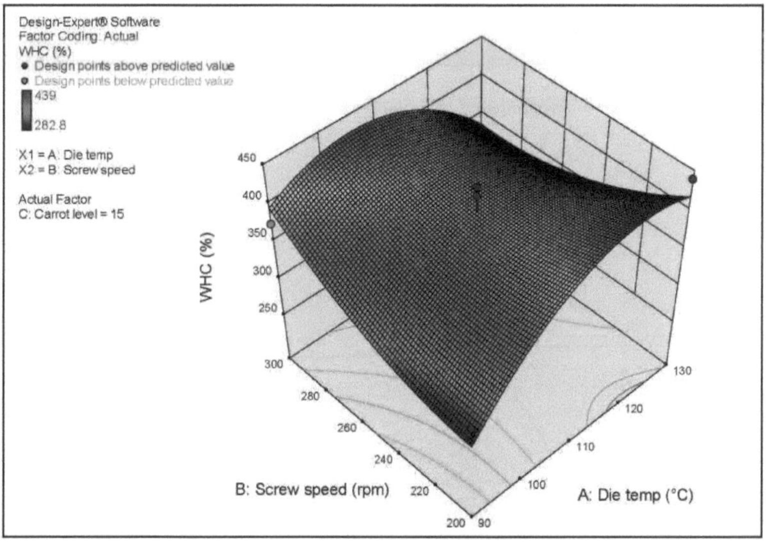

Fig. 4.61 Gráfico de superfície de resposta para a capacidade de retenção de água em função da velocidade do parafuso e da temperatura da matriz.

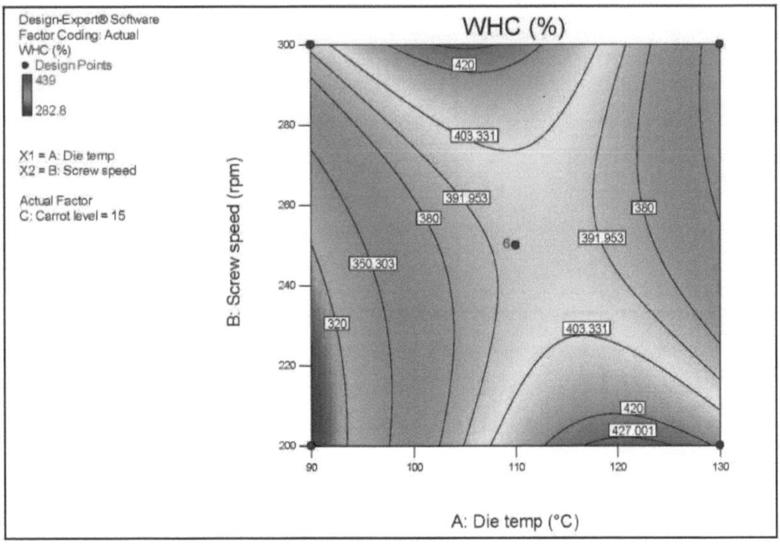

Fig. 4.62 Gráfico de contorno para a capacidade de retenção de água em função da velocidade do parafuso e da temperatura da matriz.

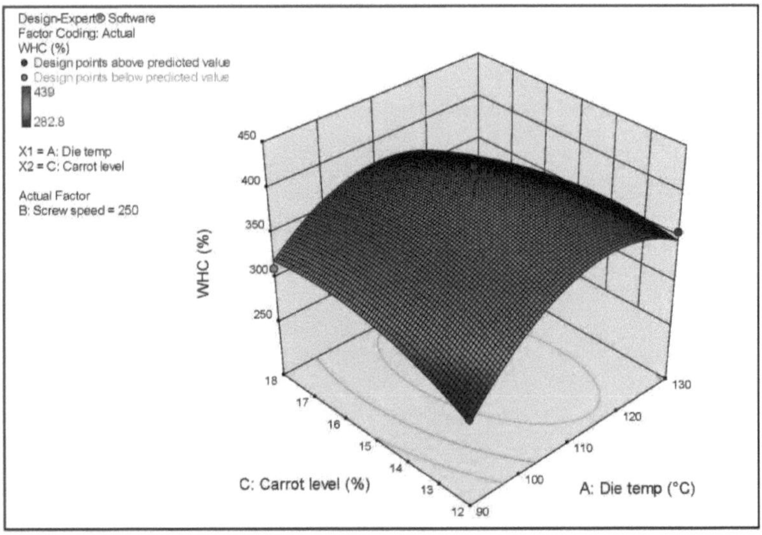

Fig. 4.63 Gráfico de superfície de resposta para a capacidade de retenção de água em função da temperatura do molde e do nível de cenoura.

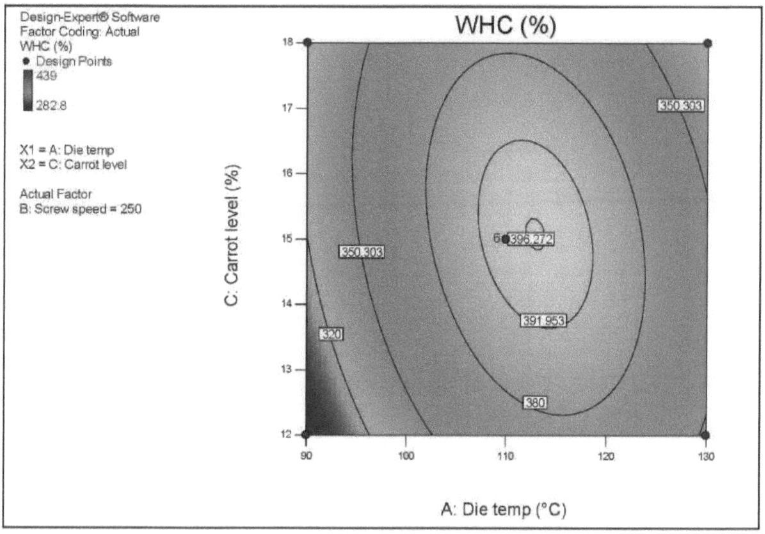

Fig. 4.64 Gráfico de contorno para a capacidade de retenção de água em função da temperatura do molde e do nível de cenoura.

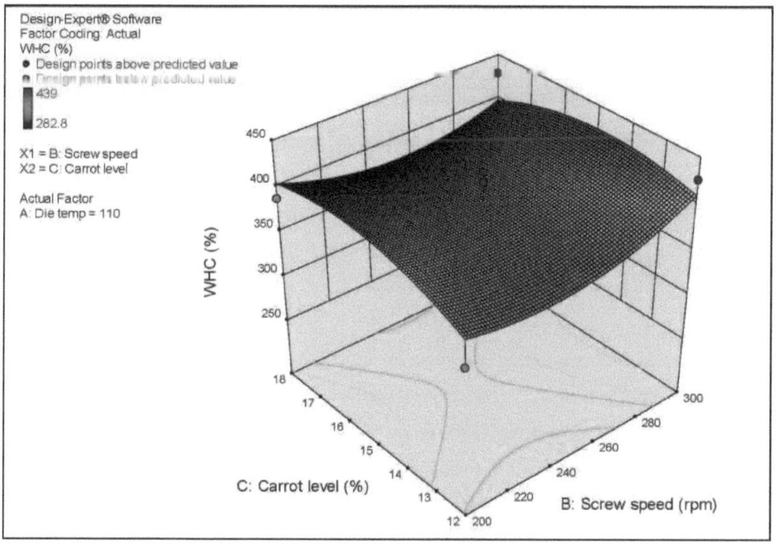

Fig. 4.65 Gráfico de superfície de resposta para a capacidade de retenção de água em função da velocidade do parafuso e do nível de cenoura.

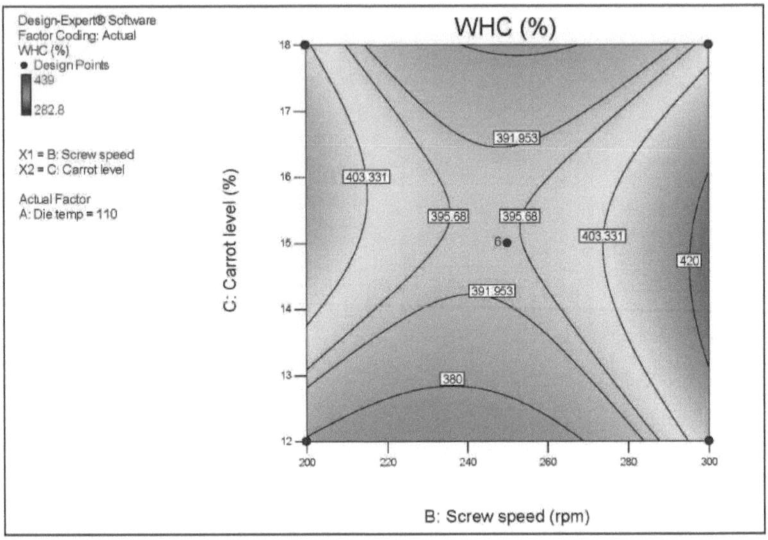

Fig. 4.66 Gráfico de contorno para a capacidade de retenção de água em função da velocidade do parafuso e do nível da cenoura.

4.3.3 Efeito da temperatura do molde, da velocidade do parafuso e do nível de cenoura na qualidade sensorial

parâmetros

4.3.3.1 Efeito da temperatura do molde, da velocidade do parafuso e do nível de cenoura na pontuação do sabor

O efeito da velocidade do parafuso, da temperatura da matriz e do nível de cenoura na pontuação do sabor do produto extrudido é apresentado no Quadro 4.3, enquanto a superfície de resposta e os gráficos de contorno para a pontuação do sabor são apresentados nas Fig. 4.67 a Fig. 4.72.

A Fig. 4.67 representa o gráfico de superfície de resposta da variação da pontuação do sabor em função da temperatura da matriz (x_1) e da velocidade do parafuso (x_2). Mostra o efeito interativo da temperatura do molde e da velocidade da rosca na pontuação do sabor, mantendo o nível de cenoura (x_3) a um nível constante, ou seja, 15%. A partir do mapa de contorno mostrado na Fig. 4.68, pode observar-se que a pontuação do sabor aumentou com o aumento da temperatura da matriz até 113,33 °C e com a velocidade do parafuso de 252,98 rpm. Esperava-se que a pontuação do sabor aumentasse até 6,25 nesta combinação de temperatura da matriz e velocidade do parafuso. Com o aumento da temperatura do molde e da velocidade do parafuso, verificou-se que o sabor diminuía.

O efeito da temperatura do molde (x_1) e do nível de cenoura (x_3) na pontuação do sabor, mantendo a velocidade do parafuso (x_2) a um nível constante (i.e. 250 rpm), é representado graficamente na Fig. 4.69. O gráfico de contorno apresentado na Fig. 4.70 mostra claramente que a pontuação do sabor aumentou com o aumento da temperatura da matriz até 111,91 °C e com o valor mais baixo do nível de cenoura de 12%. Esta combinação de temperatura e teor de cenoura é suscetível de aumentar o índice de sabor até 7,06. Verificou-se que o índice de sabor diminuía ligeiramente com o aumento da temperatura do molde e do teor de cenoura.

A Fig. 4.71 revela o efeito interativo da velocidade do parafuso (x_2) e do nível de cenoura (x_3) na pontuação do sabor, mantendo a temperatura da matriz (x_1) a um nível constante, ou seja, 110 °C. A leitura do mapa de contorno apresentado na Fig. 4.72 indica que a pontuação do sabor aumentou com o aumento da velocidade do parafuso até 267,84 rpm e com o nível mais baixo de cenoura de 12%. Esta interação entre a velocidade do parafuso e o nível de cenoura foi proposta para aumentar o sabor até 7,09. Após um novo aumento da velocidade do parafuso e do nível de cenoura para além deste ponto, observou-se uma diminuição do sabor.

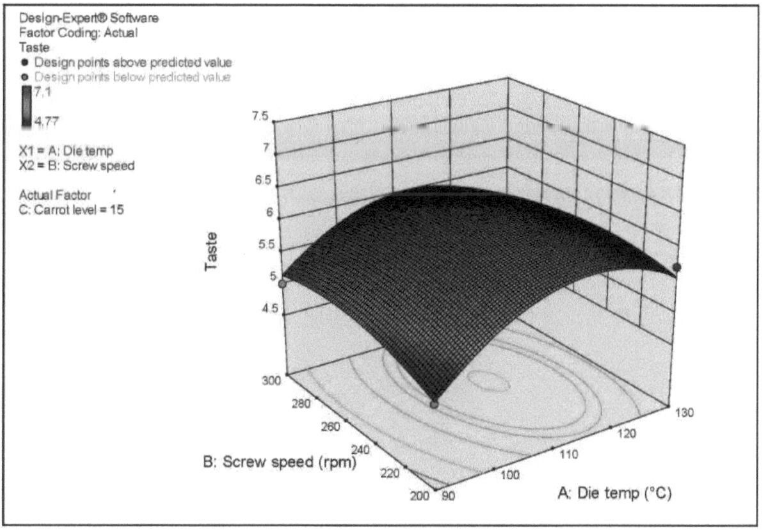

Fig. 4.67 Gráfico de superfície de resposta para o sabor em função da velocidade do parafuso e da temperatura da matriz.

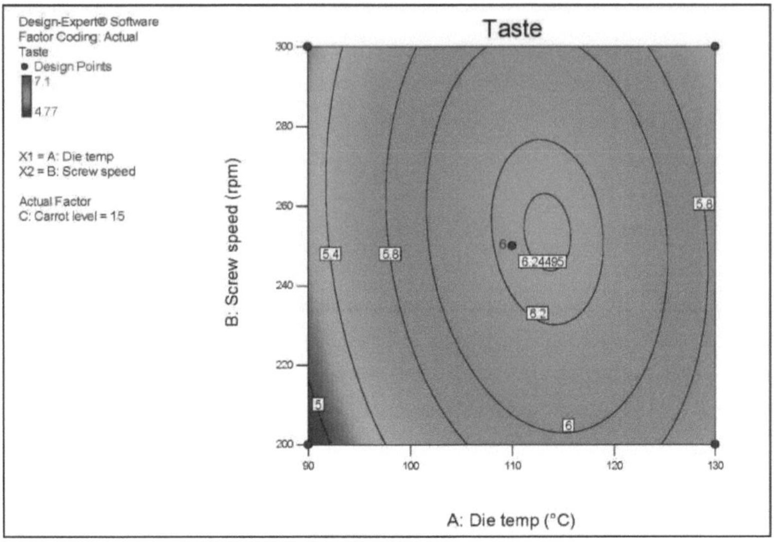

Fig. 4.68 Gráfico de contorno para o sabor em função da velocidade do parafuso e da temperatura da matriz

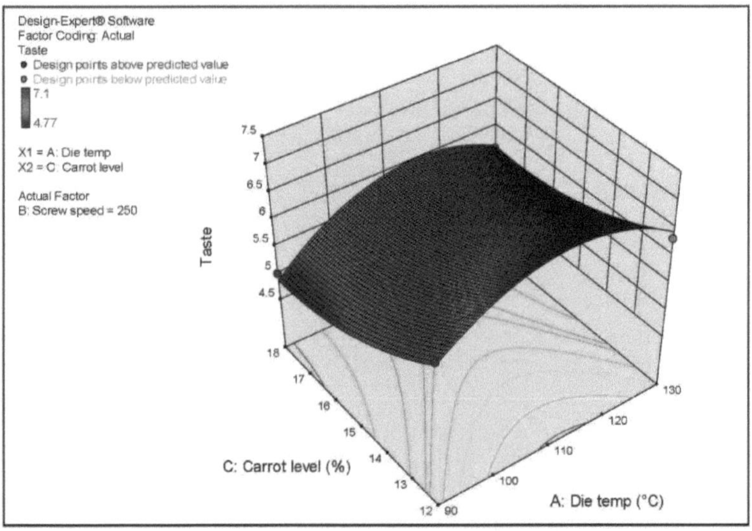

Fig. 4.69 Gráfico de superfície de resposta para o sabor em função da temperatura do molde e do nível de cenoura.

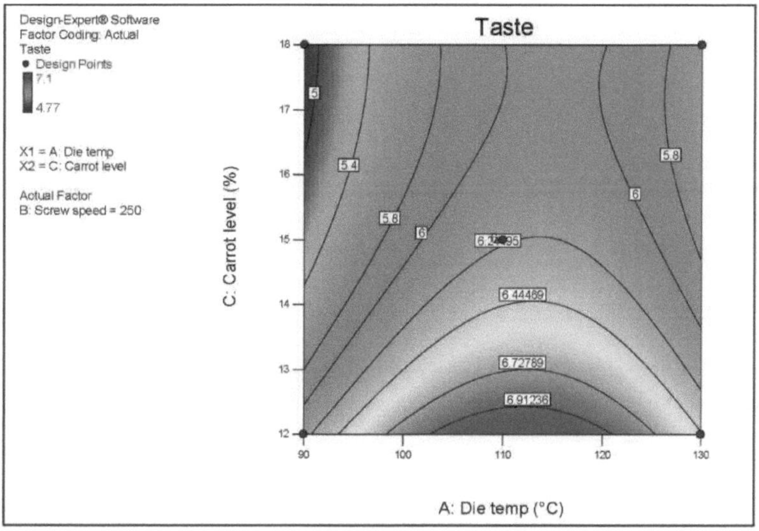

Fig. 4.70 Gráfico de contorno para o sabor em função da temperatura do molde e do nível de cenoura

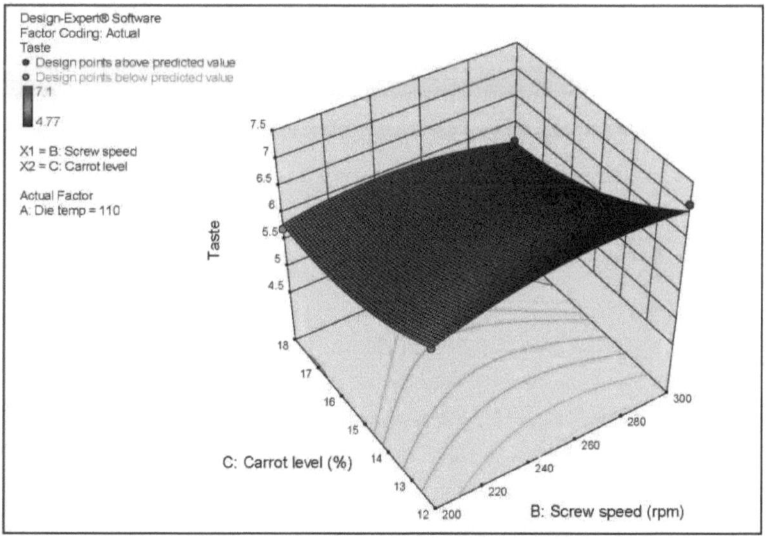

Fig. 4.71 Gráfico de superfície de resposta para o sabor em função da velocidade do parafuso e do nível de cenoura.

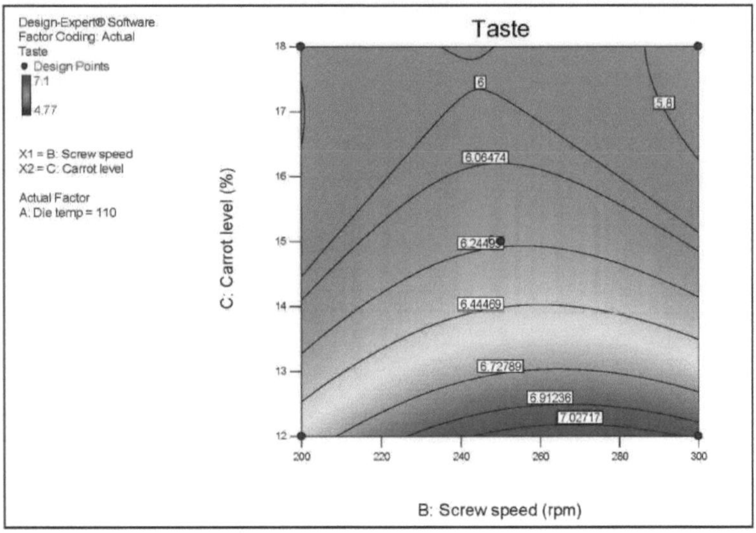

Fig. 4.72 Gráfico de contorno para o sabor em função da velocidade do parafuso e do nível da cenoura.

4.3.3.2 Efeito da temperatura do molde, da velocidade do parafuso e do nível de cenoura na pontuação do aspeto

O efeito da velocidade do parafuso, da temperatura da matriz e do nível de cenoura na pontuação de aparência do produto extrudido é apresentado no Quadro 4.3, enquanto a superfície de resposta e os gráficos de contorno para a pontuação de aparência são apresentados nas Fig. 4.73 a Fig. 4.78.

A Fig. 4.73 representa o gráfico de superfície de resposta da variação da pontuação do aspeto em função da temperatura do molde (x_1) e da velocidade do parafuso (x_2). Mostra o efeito interativo da temperatura do molde e da velocidade do parafuso na pontuação do aspeto, mantendo o nível de cenoura (x_3) a um nível constante, ou seja, 15%. A partir do mapa de contorno mostrado na Fig. 4.74, pode observar-se que a pontuação de aparência aumentou com o aumento da temperatura da matriz até 113,04 °C e com a velocidade do parafuso de 256,747 rpm. Esperava-se que a pontuação de aparência aumentasse até 7,54 nesta combinação de temperatura da matriz e velocidade do parafuso. Após um novo aumento da temperatura da matriz e da velocidade do parafuso, verificou-se que o índice de aparência diminuiu.

O efeito da temperatura da matriz (x_1) e do nível de cenoura (x_3) na pontuação do aspeto, mantendo a velocidade do parafuso (x_2) a um nível constante (i.e. 250 rpm), está representado graficamente na Fig. 4.75. O gráfico de contorno apresentado na Fig. 4.76 mostra claramente que a pontuação do aspeto aumentou com o aumento da temperatura da matriz até 111,43 °C e com o valor mais baixo do nível de cenoura de 12%. Esta combinação da temperatura do molde e do teor de cenoura é suscetível de aumentar o índice de aspeto até 8,31. Verificou-se que diminuía ligeiramente com o aumento da temperatura da matriz e do teor de cenoura.

A Fig. 4.77 revela o efeito interativo da velocidade do parafuso (x2) e do nível de cenoura (x3) na pontuação do aspeto, mantendo a temperatura da matriz (x1) a um nível constante, isto é, 110 °C. A leitura do mapa de contorno apresentado na Fig. 4.78 indica que a pontuação do aspeto aumentou com o aumento da velocidade do parafuso até 253,58 rpm e com o nível mais baixo de cenoura de 12%. Esta interação entre a velocidade do parafuso e o nível de cenoura foi proposta para aumentar o índice de aparência até 8,31. Após um novo aumento da velocidade do parafuso e do nível de cenoura para além deste ponto, observou-se que a pontuação relativa ao aspeto diminuía.

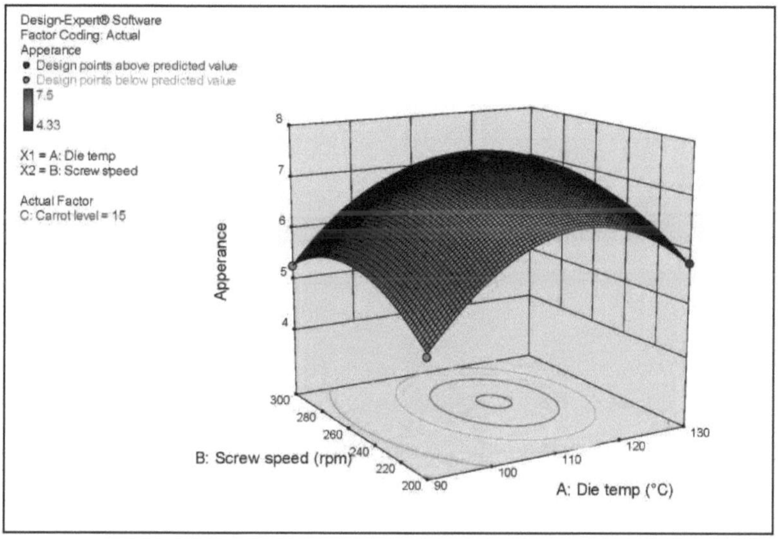

Fig. 4.73 Gráfico de superfície de resposta para a pontuação de aparência em função da velocidade do parafuso e da temperatura da matriz.

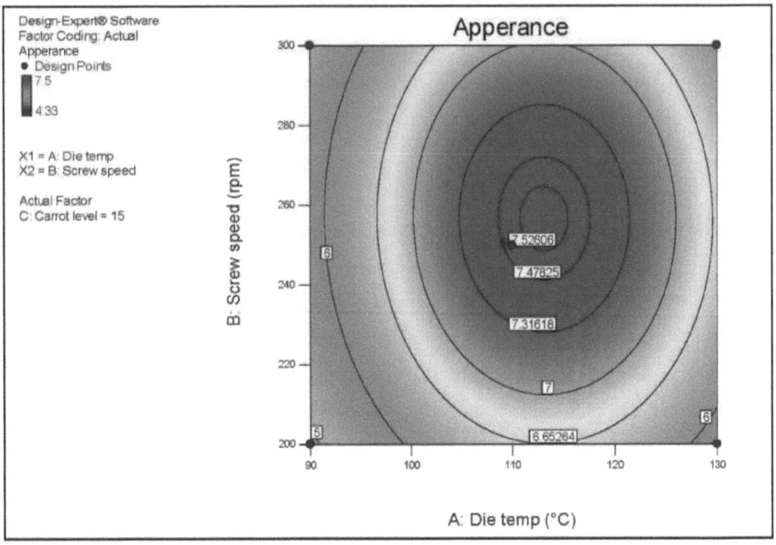

Fig. 4.74 Gráfico de contorno para a pontuação de aparência em função da velocidade do parafuso e da temperatura da matriz

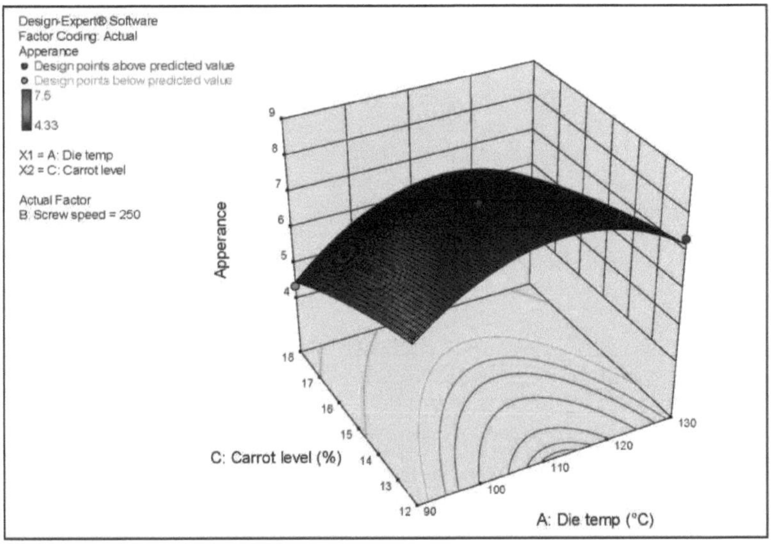

Fig. 4.75 Gráfico de superfície de resposta para a pontuação de aparência em função da temperatura do molde e do nível de cenoura.

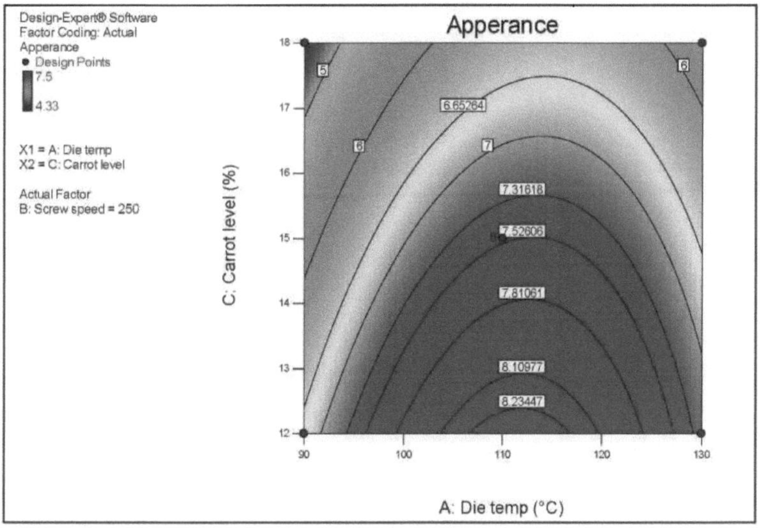

Fig. 4.76 Gráfico de contorno para a pontuação de aparência em função da temperatura do molde e do nível de cenoura.

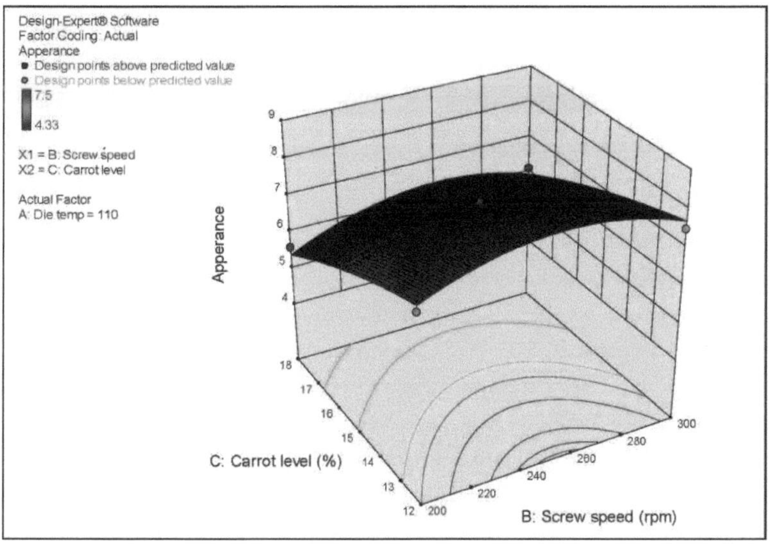

Fig. 4.77 Gráfico de superfície de resposta para a pontuação de aparência em função da velocidade do parafuso e do nível da cenoura.

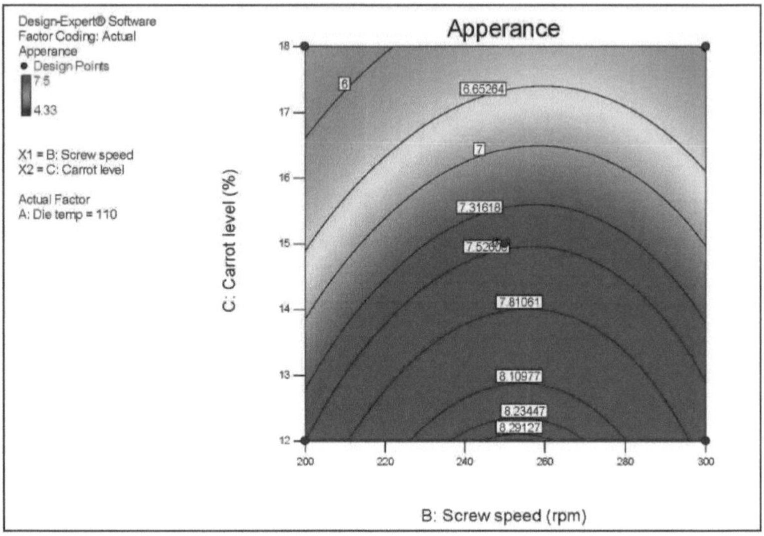

Fig. 4.78 Gráfico de contorno para a pontuação de aparência em função da velocidade do parafuso e do nível da cenoura.

4.3.3.3 Efeito da temperatura da matriz, da velocidade do parafuso e do nível de cenoura na pontuação da dureza O efeito da velocidade do parafuso, da temperatura da matriz e do nível de cenoura na pontuação da dureza do produto extrudido é apresentado na Tabela 4.3, enquanto a superfície de resposta e os gráficos de contorno para a pontuação da dureza são mostrados nas Fig. 4.79 a Fig. 4.84.

A Fig.4.79 representa o gráfico de superfície de resposta da variação do grau de dureza em função da temperatura do molde (x_1) e da velocidade do parafuso (x_2). Mostra o efeito interativo da temperatura do molde e da velocidade do parafuso no grau de dureza, mantendo o nível de cenoura (x_3) a um nível constante, ou seja, 15%. A partir do mapa de contorno mostrado na Fig. 4.80, pode observar-se que o índice de dureza aumentou com o aumento da temperatura da matriz até 115,88 °C e com a velocidade do parafuso de 262,89 rpm. Esperava-se que o índice de dureza aumentasse até 6,78 nesta combinação de temperatura da matriz e velocidade do parafuso. Após um novo aumento da temperatura da matriz e da velocidade do parafuso, verificou-se que o índice de dureza diminuiu.

O efeito da temperatura do molde (x_1) e do nível de cenoura (x_3) no grau de dureza, mantendo a velocidade do parafuso (x_2) a um nível constante (i.e. 250 rpm), está representado graficamente na Fig. 4.81. O gráfico de contorno apresentado na Fig. 4.82 mostra claramente que o grau de dureza aumentou com o aumento da temperatura da matriz até 114,34 °C e com o valor mais baixo do nível de cenoura de 12%. Esta combinação da temperatura do molde e do teor de cenoura é suscetível de aumentar o índice de dureza até 8,07. Verificou-se que diminuía ligeiramente com o aumento da temperatura da matriz e do teor de cenoura.

A Fig. 4.83 revela o efeito interativo da velocidade do parafuso (X2) e do nível de cenoura (X3) no índice de dureza, mantendo a temperatura da matriz (X1) a um nível constante, ou seja, 110 °C. A leitura do mapa de contorno apresentado na Fig. 4.84 indica que a dureza aumentou com o aumento da velocidade do parafuso até 253.438 rpm e com o nível mais baixo de cenoura de 12%. Esta interação entre a velocidade do parafuso e o nível de cenoura foi proposta para aumentar o índice de dureza até 7,99. Após um novo aumento da velocidade do parafuso e do nível de cenoura para além deste ponto, observou-se uma diminuição do índice de dureza.

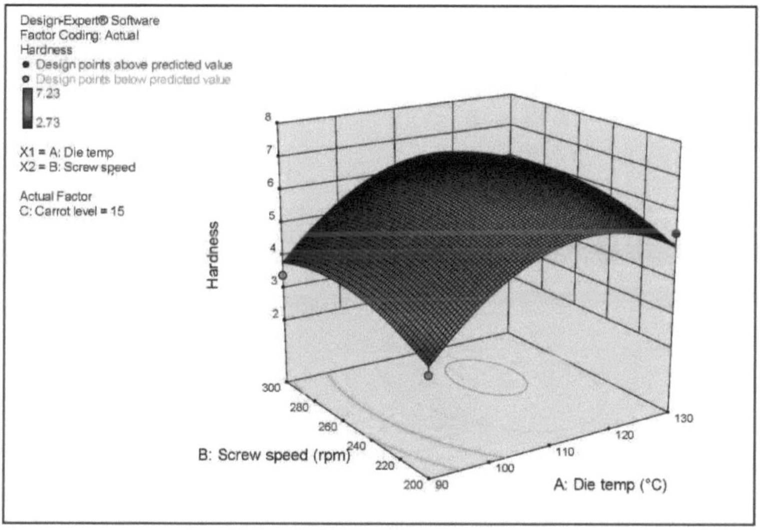

Fig. 4. 79Plotagem da superfície de resposta para o índice de dureza em função da velocidade do parafuso e da temperatura da matriz.

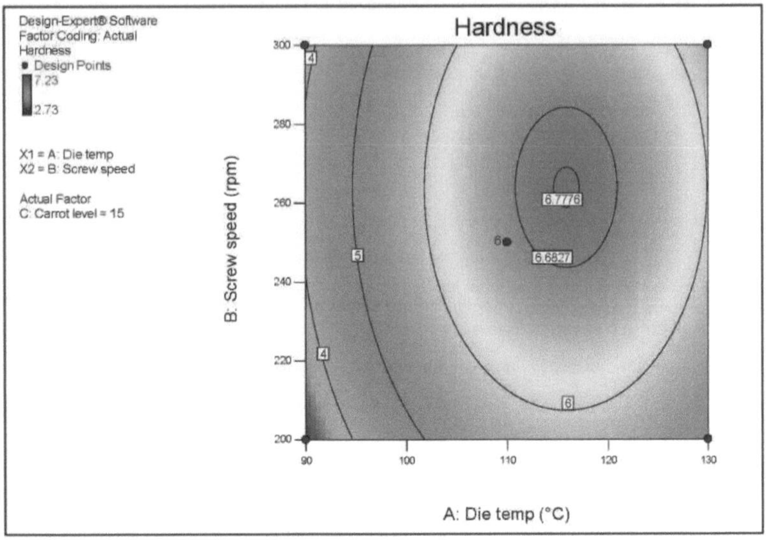

Fig. 4.80Traçado de contorno para o índice de dureza em função da velocidade do parafuso e da temperatura da matriz.

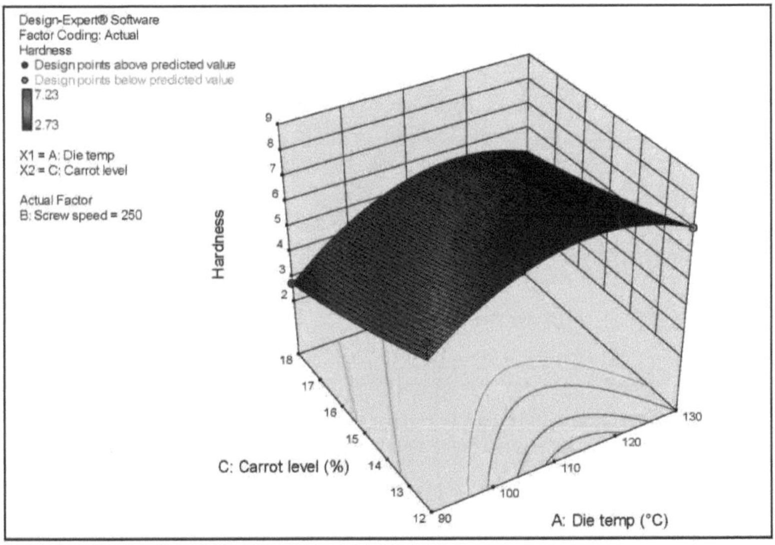

Fig. 4.81 Gráfico de superfície de resposta para o índice de dureza em função da temperatura do molde e do nível de cenoura.

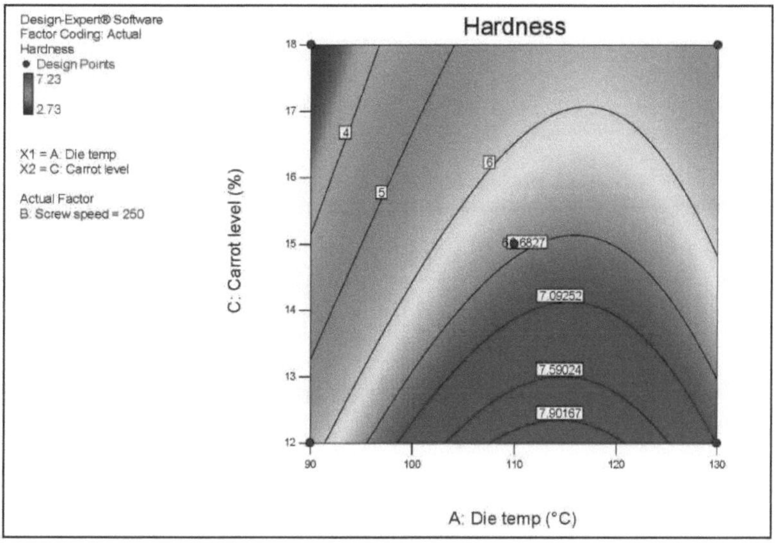

Fig. 4.82 Gráfico de contorno para a pontuação de dureza em função da temperatura da matriz e do nível de cenoura.

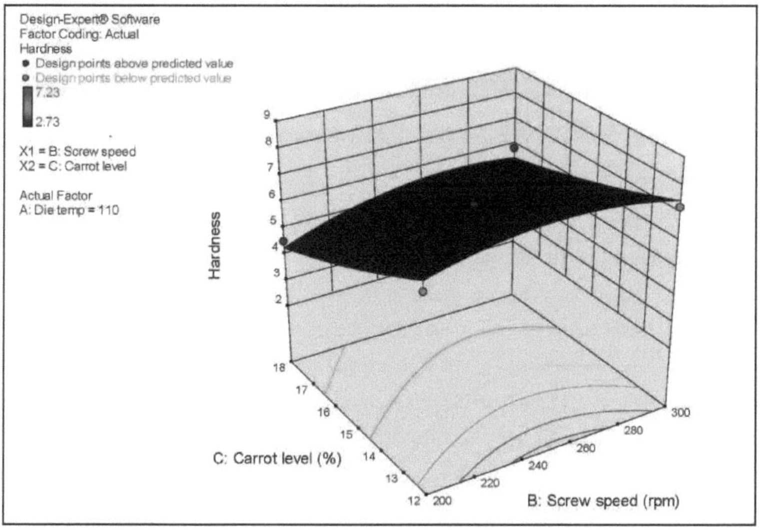

Fig. 4. 83Plotagem da superfície de resposta para o índice de dureza em função da velocidade do parafuso e do nível da cenoura.

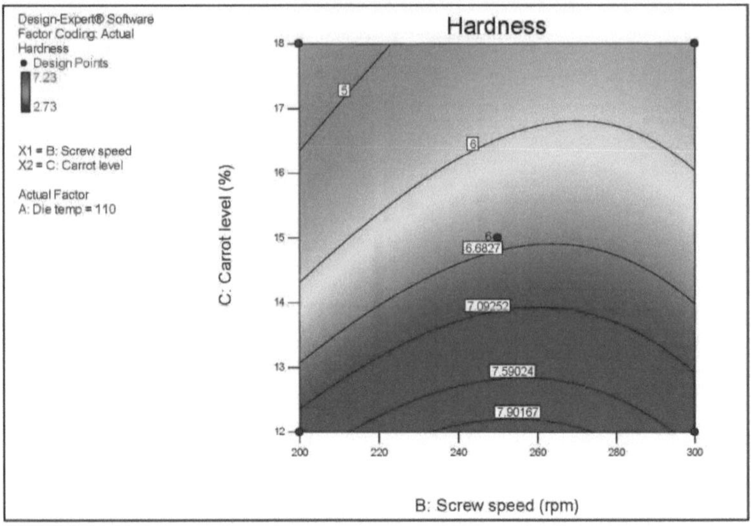

Fig. 4.84 Gráfico de contorno para a pontuação de dureza em função da velocidade do parafuso e do nível da cenoura.

4.3.3.4 Efeito da temperatura da matriz, da velocidade do parafuso e do nível da cenoura na pontuação da mastigação

O efeito da velocidade do parafuso, da temperatura da matriz e do nível de cenoura na pontuação de mastigabilidade do produto extrudido é apresentado no Quadro 4.3, enquanto a superfície de resposta e os gráficos de contorno para a pontuação de mastigabilidade são apresentados nas Fig. 4.85 a Fig. 4.90.

A Fig. 4.85 representa o gráfico de superfície de resposta da variação da pontuação do carácter mastigável em função da temperatura da matriz (x_1) e da velocidade do parafuso (x_2). Mostra o efeito interativo da temperatura do molde e da velocidade do parafuso na pontuação da mastigabilidade, mantendo o nível de cenoura (x_3) a um nível constante, ou seja, 15%. A partir do mapa de contorno mostrado na Fig. 4.86, pode observar-se que a pontuação de mastigabilidade aumentou com o aumento da temperatura da matriz até 112,86 °C e com a velocidade do parafuso de 258,736 rpm. Esperava-se que a pontuação de mastigabilidade aumentasse até 6,70 nesta combinação de temperatura da matriz e velocidade do parafuso. Após um aumento adicional da temperatura da matriz e da velocidade do parafuso, verificou-se que a pontuação da mastigabilidade diminuiu.

O efeito da temperatura da matriz (x_1) e do nível de cenoura (x_3) no grau de mastigabilidade, mantendo a velocidade do parafuso (x_2) a um nível constante (isto é, 250 rpm), está representado graficamente na Fig. 4.87. O gráfico de contorno apresentado na Fig. 4.88 mostra claramente que a pontuação de mastigabilidade aumentou com o aumento da temperatura da matriz até 110,95 °C e com o valor mais baixo do nível de cenoura de 12%. Esta combinação da temperatura do molde e do teor de cenoura é suscetível de aumentar o índice de mastigabilidade até 7,26. Verificou-se que diminuía ligeiramente com o aumento da temperatura da matriz e do teor de cenoura.

A Fig. 4.89 revela o efeito interativo da velocidade do parafuso (x2) e do nível de cenoura (x3) na pontuação da mastigabilidade, mantendo a temperatura da matriz (x1) a um nível constante, ou seja, 110 °C. A leitura do mapa de contorno apresentado na Fig. 4.90 indica que o grau de mastigabilidade aumenta com o aumento da velocidade do parafuso até 259,97 rpm e com o nível mais baixo de cenoura de 12%. Esta interação entre a velocidade do parafuso e o nível de cenoura foi proposta para aumentar a pontuação de mastigabilidade até 7,27. Após um novo aumento da velocidade do parafuso e do nível de cenoura para além deste ponto, observou-se que a pontuação de mastigabilidade diminuiu.

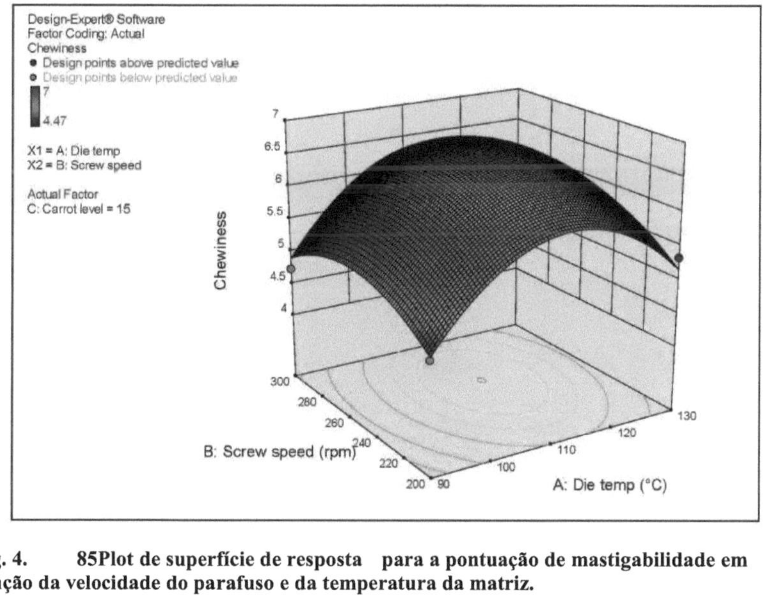

Fig. 4. 85Plot de superfície de resposta para a pontuação de mastigabilidade em função da velocidade do parafuso e da temperatura da matriz.

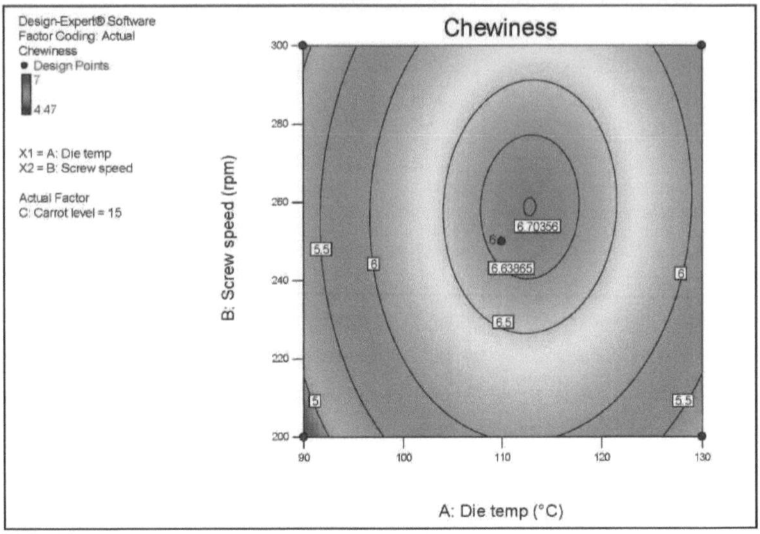

Fig. 4.86 Gráfico de contorno para a pontuação de mastigabilidade em função da velocidade do parafuso e da temperatura da matriz.

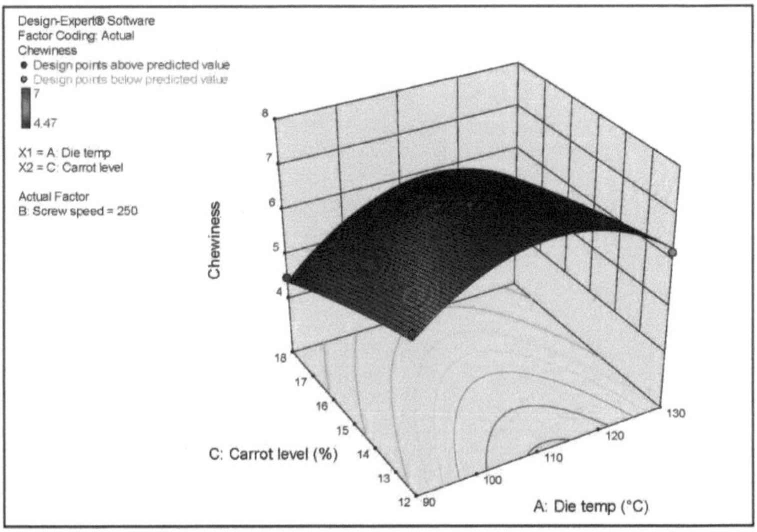

Fig. 4.87 Gráfico de superfície de resposta para a pontuação de mastigabilidade em função da temperatura do molde e do nível de cenoura.

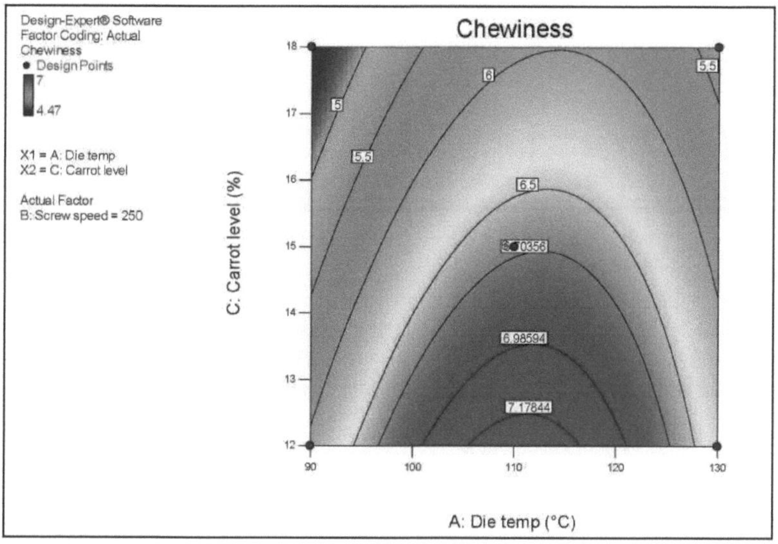

Fig. 4.88 Gráfico de contorno para a pontuação de mastigabilidade em função da temperatura do molde e do nível de cenoura.

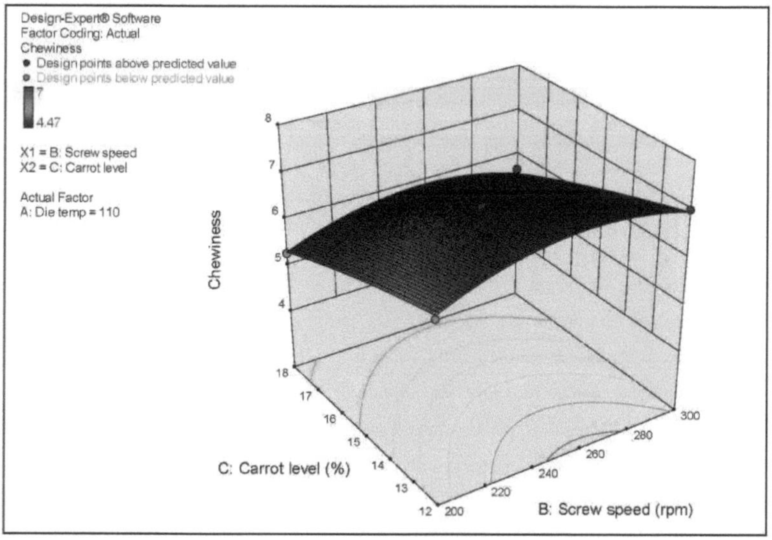

Fig. 4.89 Gráfico de superfície de resposta para a pontuação de mastigabilidade em função da velocidade do parafuso e do nível de cenoura.

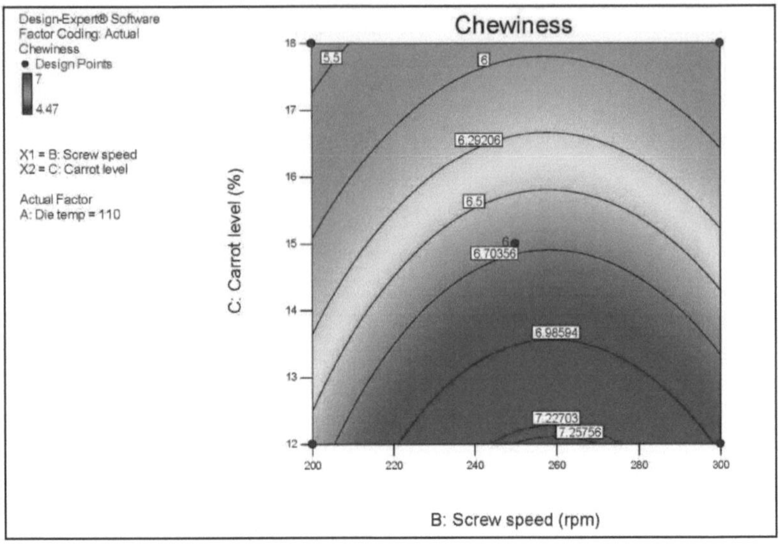

Fig. 4.90 Gráfico de contorno para a pontuação de mastigabilidade em função da velocidade do parafuso e do nível da cenoura.

4.3.3.5 Efeito da temperatura do molde, da velocidade do parafuso e do nível de cenoura na pontuação de aceitabilidade global

O efeito da velocidade do parafuso, da temperatura da matriz e do nível de cenoura na pontuação de aceitabilidade global do produto extrudido é apresentado no Quadro 4.3, enquanto a superfície de resposta e os gráficos de contorno para a pontuação de aceitabilidade global são apresentados nas Fig. 4.91 a Fig. 4.96.

A Fig. 4.91 representa o gráfico de superfície de resposta da variação da pontuação da aceitabilidade global em função da temperatura da matriz (x_1) e da velocidade do parafuso (x_2). Mostra o efeito interativo da temperatura do molde e da velocidade da rosca na pontuação da aceitabilidade global, mantendo o nível de cenoura (x_3) a um nível constante, ou seja, 15%. A partir do mapa de contorno, como mostra a Fig. 4.92, pode observar-se que a pontuação de aceitabilidade global aumentou com o aumento da temperatura da matriz até 113,98 °C e com a velocidade do parafuso de 258,93 rpm. Esperava-se que a pontuação de aceitabilidade global aumentasse até 7,27 nesta combinação de temperatura da matriz e velocidade do parafuso. Após um novo aumento da temperatura da matriz e da velocidade do parafuso, verificou-se que o índice de aceitabilidade global diminuiu.

O efeito da temperatura da matriz (x_1) e do nível de cenoura (x_3) na pontuação de aceitabilidade global, mantendo a velocidade do parafuso (x2) a um nível constante (isto é, 250 rpm), está representado graficamente na Fig. 4.93. O gráfico de contorno apresentado na Fig. 4.94 mostra claramente que a pontuação de aceitabilidade global aumentou com o aumento da temperatura da matriz até 113,04 °C e com o valor mais baixo do nível de cenoura de 12%. Esta combinação da temperatura do molde e do teor de cenoura é suscetível de aumentar o índice de aceitabilidade global até 8,17. Verificou-se que diminuía ligeiramente com o aumento da temperatura da matriz e do teor de cenoura.

A Fig. 4.95 revela o efeito interativo da velocidade do parafuso (x2) e do nível de cenoura (x3) na pontuação da aceitabilidade global, mantendo a temperatura da matriz (x1) a um nível constante, isto é, 110 °C. A leitura do mapa de contorno apresentado na Fig. 4.96 indica que a pontuação de aceitabilidade global aumentou com o aumento da velocidade do parafuso até 256,108 rpm e com o nível mais baixo de cenoura de 12%. Esta interação entre a velocidade do parafuso e o nível de cenoura foi proposta para aumentar o índice de aceitabilidade global até 8,15. Após um novo aumento da velocidade do parafuso e do nível de cenoura para além deste ponto, observou-se que a pontuação de aceitabilidade global diminuiu.

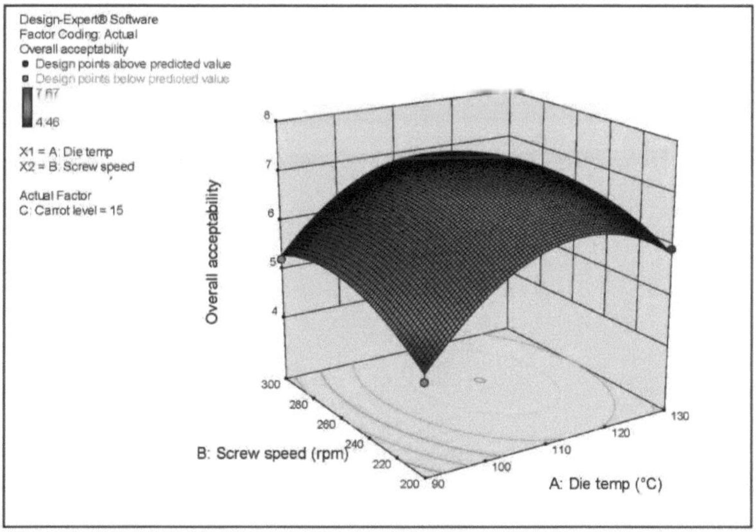

Fig. 4. 91Plotagem da superfície de resposta para a pontuação de aceitabilidade geral em função da velocidade do parafuso e da temperatura da matriz.

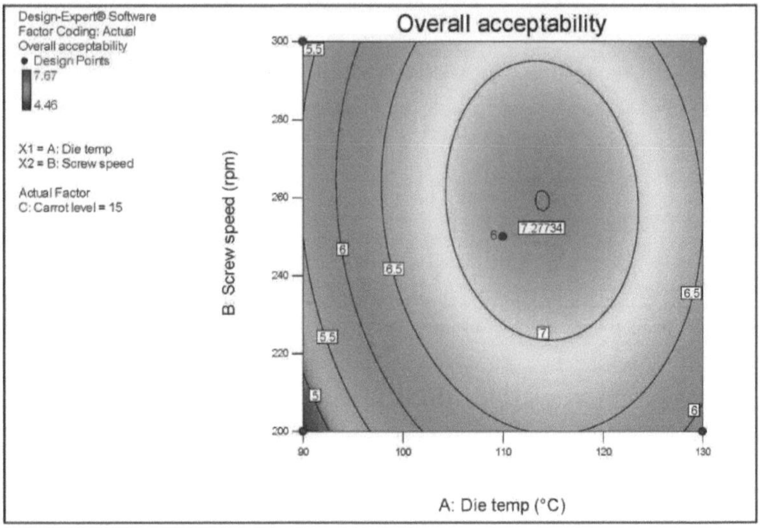

Fig. 4.92 Gráfico de contorno para a pontuação de aceitabilidade geral em função da velocidade do parafuso e da temperatura da matriz.

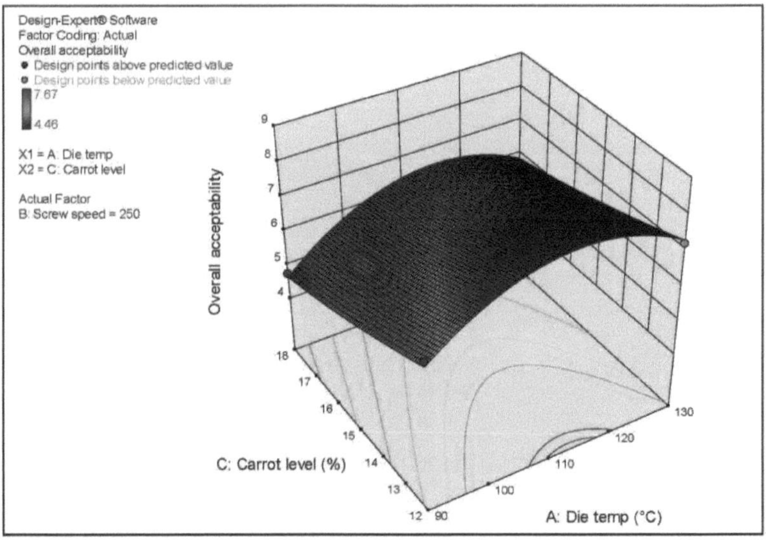

Fig. 4. 93Roteiro de superfície de resposta para o índice de aceitabilidade global em função da temperatura do molde e do teor de cenoura.

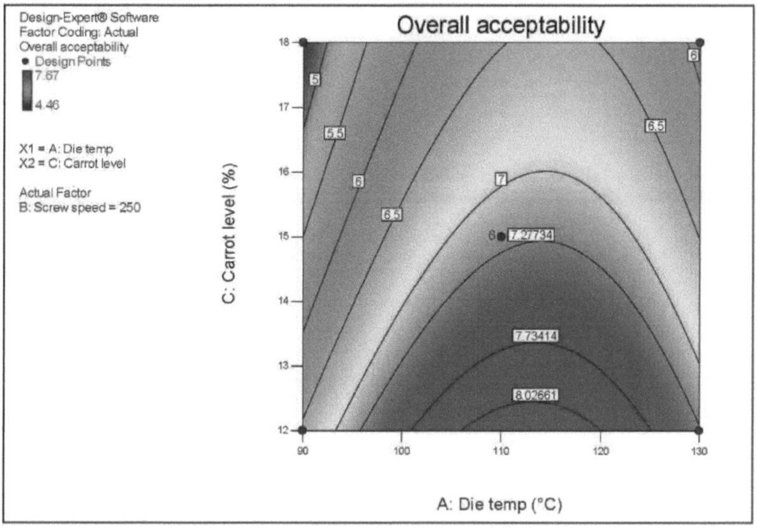

Fig. 4.94 Gráfico de contorno para o índice de aceitabilidade global em função da temperatura do molde e do teor de cenoura.

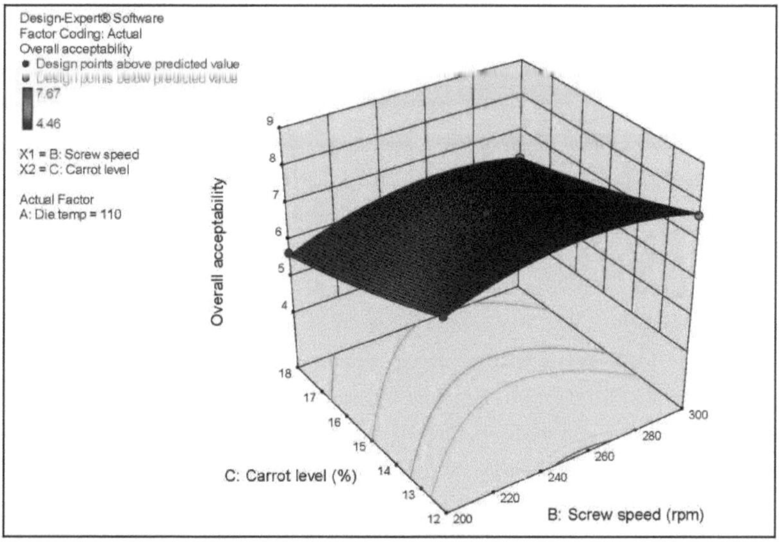

Fig. 4.95 Gráfico de superfície de resposta para a pontuação de aceitabilidade global em função da velocidade do parafuso e do nível de cenoura.

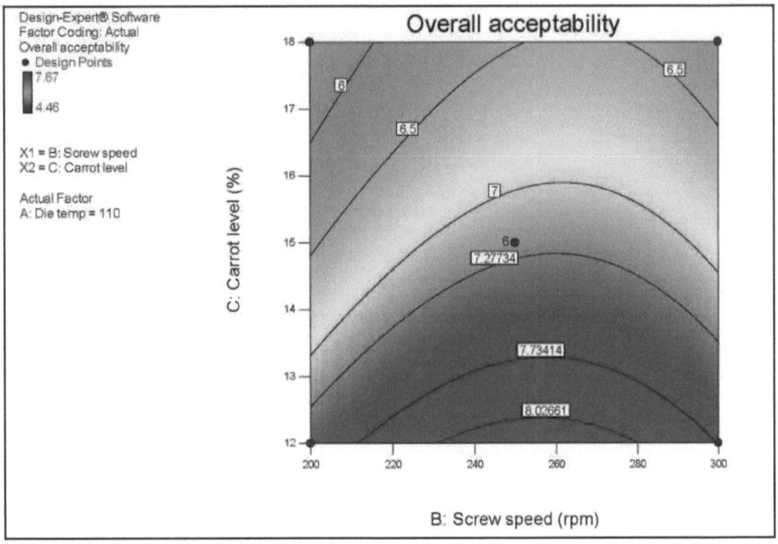

Fig. 4.96 Gráfico de contorno para a pontuação de aceitabilidade global em função da velocidade do parafuso e do nível da cenoura.

4.3.4 Ajustar o modelo

O valor F significativo e a falta de ajuste não significativa indicam a adequação e a fiabilidade do modelo para uma determinada resposta. No entanto, a adequação do modelo precisava de ser verificada pelo coeficiente de regressão (R^2), que é o rácio entre a variação explicada e a variação total e é uma medida do grau de ajustamento (Haber e Runyon, 1977). É também a proporção da variabilidade nas variáveis de resposta que é tida em conta na análise de regressão (Mclaren *et al.,* 1977). Quanto mais o valor de R^2 se aproximar da unidade, melhor o modelo empírico se ajusta aos dados reais. Quanto mais pequeno for o valor de R^2 , menos relevantes são as variáveis dependentes do modelo para explicar a variação do comportamento (Little e Hills, 1978; Mendenhall, 1975). O valor de R^2 superior a 0,8 implica que o modelo apresenta um bom ajuste. (Joglekar e May, 1987). No entanto, alguns investigadores sugeriram que um valor elevado de R^2 nem sempre implica que o modelo de regressão é bom. Pode obter-se um R^2 mais elevado acrescentando uma variável ao modelo. Assim, é preferível utilizar um R^2 ajustado para avaliar a adequação do modelo e este deve ser superior a 0,8 (Koocheki *et al.*, 2010). Além disso, outros parâmetros, nomeadamente o R^2 previsto, que deve ser mais próximo de 1, e a precisão adequada, que deve ser superior a 4, apoiam a significância do modelo (Akesowan e Choonhahirun, 2013).

O coeficiente de variação (C.V.) descreve até que ponto os dados estão dispersos e é definido como uma medida da variação residual dos dados relativamente à dimensão da média. Os pequenos valores de C.V. dão uma melhor reprodutibilidade, indicando uma melhor precisão e fiabilidade da experiência. É desejável ter um C.V. inferior a 10%.

4.3.4.1 Análise de regressão

A análise de regressão e os resultados da ANOVA para os parâmetros da máquina e as diferentes caraterísticas físicas do produto extrudido são apresentados na Tabela 4.4. Enquanto a análise de regressão e os resultados da ANOVA para as diferentes caraterísticas sensoriais do produto extrudido são apresentados no quadro 4.5. Com base nisto, os modelos que dão a relação empírica entre as diferentes variáveis de resposta e as variáveis de teste em unidades codificadas foram obtidos e apresentados na Equação 4.1 a Equação 4.16.

Tabela 4.4 Tabela de análise de variância e coeficiente de regressão para o modelo quadrático de superfície de resposta das caraterísticas da máquina e diferentes caraterísticas físicas dos produtos extrudidos.

Source	Torque Nm	Mass flow rate (MFR) g/sec	Moisture content (M.C.) %wb	Water absorption index (WAI) %	Water solubility index (WSI) g/g	Oil absorption capacity (OAC) g/g	Bulk density (BD) kg/m3	True density (TD) kg/m3	Rehydration ratio (RR) g/g	Expansion ratio (ER) mm/mm	Water holding capacity (WHC) %
Intercept	10.31*	2.147**	7.460***	5.602**	22.330**	0.963*	119.240**	633.027*	3.230***	4.175**	395.075*
Linear terms											
A (X_1)	-0.16	-0.114*	-0.673*	0.061	-0.109	0.058*	-23.020*	-23.791	0.438*	0.125	17.425
B(X_2)	0.13	-0.075	-0.649	-0.159**	2.344**	-0.020	-18.581*	-19.905	0.351*	0.193*	6.224
C(X_3)	-0.30	0.109*	1.989***	0.123*	-2.708**	-0.078**	42.534***	53.309**	-1.491***	-0.480***	3.649
Interaction terms											
AB(X_1X_2)	0.28	0.235**	0.480	-0.120	-0.118	-0.025	15.000	-34.923	-0.163	-0.050	-46.265*
AC(X_1X_3)	-0.29	0.078	0.285	-0.078	-0.910	-0.060	-6.790	-1.710	-0.043	0.035	-17.350
BC(X_2X_3)	0.005	0.035	-0.008	0.003	0.520	0.025	2.683	22.548	-0.690**	-0.050	-9.243
Quadratic terms											
$A^2(X_1^2)$	-0.631*	-0.172*	4.406***	-0.216**	-3.474**	-0.077*	50.394***	17.114	-0.825**	-0.458**	-58.024**
$B^2(X_2^2)$	0.084	0.210**	0.474	-0.061	-0.869	-0.042	18.656	15.182	-0.113	-0.263*	23.384
$C^2(X_3^2)$	-0.891**	-0.192**	0.009	-0.023	-1.226	-0.067*	-14.559	-5.891	1.043***	0.153	-20.601
Indicators for model fitting											
R^2	0.8232	0.8943	0.9605	0.8773	0.9109	0.8605	0.9232	0.9232	0.9616	0.9111	0.8212
Adj-R^2	0.6244	0.7754	0.916	0.7393	0.8106	0.7035	0.8368	0.8368	0.9184	0.811	0.6201
Pred-R^2	0.0687	-0.5543	0.7175	-0.3419	0.3649	-0.2856	-0.1221	-0.1221	0.5219	-0.0193	-1.0444
Adeq. Precision	6.838	12.779	14.719	8.574	9.871	6.468	12.800	12.800	18.719	10.824	6.393
F-value	6.838	17.10	17.10	3.13	1.07	1.91	15.86	15.86	5.16	3.68	3.65
Lack of fit	NS	0.0046	NS	NS	NS	NS	0.0055	NS	NS	NS	NS
C.V. %	4.61	5.69	8.46	1.99	7.44	6.47	13.54	13.54	11.71	5.37	7.92

X_1 = Die temperature, X_2 = Screw speed, X_3 = Carrot level

***Significant at $p<0.001$, **Significant at $p<0.01$, *Significant at $p<0.05$, NS = Not significant

Tabela 4.5 Tabela de análise de variância e coeficiente de regressão para o modelo quadrático de superfície de resposta de diferentes caraterísticas sensoriais de produtos extrudidos.

Source	Taste	Appearance	Hardness	Chewiness	Overall acceptability
Intercept	6.230***	7.500***	6.600***	6.670***	7.210***
Linear terms					
A (X_1)	0.263***	0.411***	0.933***	0.291***	0.495***
B(X_2)	0.055	0.188*	0.340	0.163**	0.224**
C(X_3)	-0.533***	-0.966***	-1.253***	-0.661***	-0.834***
Interaction terms					
AB(X_1X_2)	-0.115	-0.022	0.008	0.070	-0.115
AC(X_1X_3)	0.125	0.185	0.258	0.183*	0.125
BC(X_2X_3)	-0.140*	0.098	0.258	-0.025	0.103
Quadratic terms					
$A^2(X_1^2)$	-0.740***	-1.315***	-1.594***	-1.081***	-1.214***
$B^2(X_2^2)$	-0.255**	-0.698***	-0.614*	-0.489***	-0.546***
$C^2(X_3^2)$	0.300***	-0.155	0.151	-0.071	0.109
Indicators for model fitting					
R^2	0.9838	0.9859	0.9545	0.9888	0.9922
Adj-R^2	0.9656	0.9701	0.9033	0.9761	0.9834
Pred-R^2	0.7406	0.7746	0.2716	0.8202	0.8750
Adeq. Precision	26.413	22.788	14.054	27.169	32.830
F-value	NA	NA	NA	NA	NA
Lack of fit	NA	NA	NA	NA	NA
C.V. %	1.89	2.91	7.99	2.14	1.96

X_1 = Die temperature, X_2 = Screw speed, X_3 = Carrot level

***Significant at $p<0.001$, **Significant at $p<0.01$, *Significant at $p<0.05$, NA = Not available

$$\text{Torque} = 10.31 - 0.16X_1 + 0.13X_2 - 0.30X_3 - 0.631X_1^2 + 0.084X_2^2 - 0.891X_3^2 + 0.28X_1X_2 - 0.29X_1X_3 + 0.005X_2X_3 \quad \text{.......Eq.(1)}$$

Mass flow rate

$$= 2.147 - 0.114X_1 - 0.075X_2 + 0.109X_3 + 0.235X_1^2 + 0.078X_2^2 + 0.035X_3^2 - 0.172X_1X_2 + 0.210X_1X_3 - 0.192X_2X_3 \quad \text{.......Eq.(2)}$$

Moisture content

$$= 7.460 - 0.673X_1 - 0.649X_2 + 1.989X_3 + 0.480X_1^2 + 0.285X_2^2 - 0.008X_3^2 + 4.406X_1X_2 + 0.474X_1X_3 + 0.009X_2X_3 \quad \text{.......Eq.(3)}$$

Water absorption index

$$= 5.602 + 0.061X_1 - 0.159X_2 + 0.123X_3 - 0.120X_1^2 - 0.078X_2^2 + 0.003X_3^2 - 0.216X_1X_2 - 0.061X_1X_3 - 0.023X_2X_3 \quad \text{.......Eq.(4)}$$

Water solubility index

$$= 22.330 - 0.109X_1 + 2.344X_2 - 2.708X_3 - 0.118X_1^2 - 0.910X_2^2 + 0.520X_3^2 - 3.474X_1X_2 - 0.869X_1X_3 - 1.226X_2X_3 \quad \text{.......Eq.(5)}$$

Oil absorption capacity

$$= 0.963 + 0.058X_1 - 0.020X_2 - 0.078X_3 - 0.025X_1^2 - 0.060X_2^2 + 0.025X_3^2 - 0.077X_1X_2 - 0.042X_1X_3 - 0.067X_2X_3 \quad \text{.......Eq.(6)}$$

$$\text{Bulk density} = 119.240 - 23.020X_1 - 18.581X_2 + 42.534X_3 + 15X_1^2 - 6.790X_2^2 + 2.683X_3^2 + 50.394X_1X_2 + 18.656X_1X_3 - 14.559X_2X_3 \quad \text{.......Eq.(7)}$$

$$\text{True density} = 633.027 - 23.791X_1 - 19.905X_2 + 53.309X_3 - 34.923X_1^2 - 1.710X_2^2 + 22.548X_3^2 + 17.114X_1X_2 + 15.182X_1X_3 - 5.891X_2X_3 \quad \text{.......Eq.(8)}$$

Rehydration ratio

$$= 3.230 + 0.438X_1 + 0.351X_2 - 1.491X_3 - 0.163X_1^2 - 0.043X_2^2 - 0.690X_3^2 - 0.825X_1X_2 - 0.113X_1X_3 + 1.043X_2X_3 \quad \text{.......Eq.(9)}$$

Expansion ratio

$$= 4.175 + 0.125X_1 + 0.193X_2 - 0.480X_3 - 0.050X_1^2 + 0.035X_2^2 - 0.050X_3^2 - 0.458X_1X_2 - 0.263X_1X_3 + 0.153X_2X_3 \quad \text{.......Eq.(10)}$$

Water holding capacity

$$= 395.075 + 17.425X_1 + 6.224X_2 + 3.649X_3 - 46.265X_1^2 - 17.350X_2^2 - 9.243X_3^2 - 58.024X1X2 + 23.384X1X3 - 20.601X_2X_3 \quad \text{.......Eq.(11)}$$

$$Taste = 6.230 + 0.263X_1 + 0.055X_2 - 0.533X_3 - 0.115X_1^2 + 0.125X_2^2 - 0.140X_3^2 - 0.740X_1X_2 - 0.25X_1X_3 + 0.300X_2X_3 \quad \text{.......Eq.(12)}$$

$$Appearance = 7.500 + 0.411X_1 + 0.188X_2 - 0.966X_3 - 0.022X_1^2 + 0.185X_2^2 + 0.098X_3^2 - 1.315X_1X_2 - 0.698X_1X_3 - 0.155X_2X_3 \quad \text{.......Eq.(13)}$$

$$Hardness = 6.600 + 0.933X_1 + 0.340X_2 - 1.253X_3 + 0.008X_1^2 + 0.258X_2^2 + 0.258X_3^2 - 1.594X_1X_2 - 0.614X_1X_3 + 0.151X_2X_3 \quad \text{.......Eq.(14)}$$

$$Chewiness = 6.670 + 0.291X_1 + 0.163X_2 - 0.661X_3 + 0.070X_1^2 + 0.183X_2^2 - 0.025X_3^2 - 1.081X_1X_2 - 0.489X_1X_3 - 0.071X_2X_3 \quad \text{.......Eq.(15)}$$

Overall acceptability

$$= 7.210 + 0.495X_1 + 0.224X_2 - 0.834X_3 - 0.115X_1^2 + 0.125X_2^2 + 0.103X_3^2 - 1.214X_1X_2 - 0.546X_1X_3 + 0.109X_2X_3 \quad \text{.......Eq.(16)}$$

Onde, X1, X2 e X3 são os factores codificados da temperatura do molde, da velocidade do parafuso e do nível da cenoura, respetivamente.

4.3.5 Otimização e validação das variáveis do processo

A condição óptima para a produção de um produto extrudido misto de cenoura foi determinada pela técnica de otimização numérica, utilizando o software Design Expert: versão 8.0.0.6 (versão experimental; State-Ease Inc., Minneapolis, MN, EUA). Os principais critérios aplicados para a otimização das restrições no estudo foram os seguintes (a) Nível de cenoura :

máximo, (b) caudal mássico : máximo, (c) teor de humidade : mínimo, (d) índice de absorção de água : máximo, (e) índice de solubilidade em água : máximo, (f) capacidade de absorção de óleo : máximo, (g) densidade aparente : mínimo, (h) densidade real : mínimo, (i) ração de reidratação : máximo, (j) rácio de expansão : máximo, (k) capacidade de retenção de água : máximo, (l) sabor

: máximo, (m) aspeto : máximo, e (n) aceitabilidade global : máximo. Por conseguinte, os objectivos que foram definidos para as variáveis e as respostas para obter a melhor combinação são ilustrados na Tabela 4.6. Todas as variáveis independentes e as respostas receberam a mesma importância, ou seja, três, durante o processo de otimização. Sob estas restrições, as condições óptimas de tratamento foram as seguintes: 113 °C de temperatura do molde, 267 rpm de velocidade do parafuso e 13,5% de teor de cenoura. A análise mostrou que, com esta combinação de temperatura da matriz, velocidade do parafuso e nível de cenoura, seria possível produzir um produto extrudido com um caudal mássico de 2,02 g/seg, teor de humidade de 6,27% (wb), índice de absorção de água de 5,47 g/g, índice de solubilidade em água de 23,99%, capacidade de absorção de óleo de 0.98 g/g, densidade aparente de 87,82 kg/m^3 , densidade real de 590,32 kg/m^3 , rácio de reidratação de 4,55, rácio de expansão de 4,51, capacidade de retenção de água de 394,66, pontuação de sabor de 6,60, pontuação de aparência de 7,94, pontuação de dureza de 7,36, pontuação de mastigabilidade de 7,00 e pontuação de aceitabilidade global de 7,69 com uma desejabilidade de 0,709 (Quadro 4.6).

Tabela 4.6 Restrições, critérios e resultados para a otimização numérica da preparação do produto extrudido misto de cenoura.

Variables			
Constraint	**Goal**	**Importance**	**Optimum value**
Die temperature (°C)	In the range	3	113
Screw speed (rpm)	In the range	3	267
Carrot level (%)	Maximize	3	13.5
Responses			
Constraint	**Goal**	**Importance**	**Predicted value**
Moisture content (% wb)	Minimize	3	6.27
Water holding capacity	Maximize	3	394.66
Water solubility index (%)	Maximize	3	23.99
Water absorption index (g/g)	Maximize	3	5.47
Oil absorption capacity (g/g)	Maximize	3	0.98
Bulk density (kg/m^3)	Minimize	3	87.82
True density (kg/m^3)	Minimize	3	590.32
Mass flow rate (g/sec)	Maximize	3	2.02
Rehydration ratio	Maximize	3	4.55
Expansion ratio	Maximize	3	4.51
Appearance	In the range	3	7.94
Hardness	In the range	3	7.36
Taste	Maximize	3	6.60
Chewiness	In the range	3	7.00
Overall acceptability	Maximize	3	7.69
Desirability	--	--	0.709

4.3.6 Sugestão de um método melhorado para a produção de um produto extrudido misto de cenoura

Como resultado dos estudos efectuados sobre vários aspectos, sugere-se um processo normalizado para a produção de um produto extrudido misto de cenoura através de um fluxograma apresentado na Fig. 4.96.

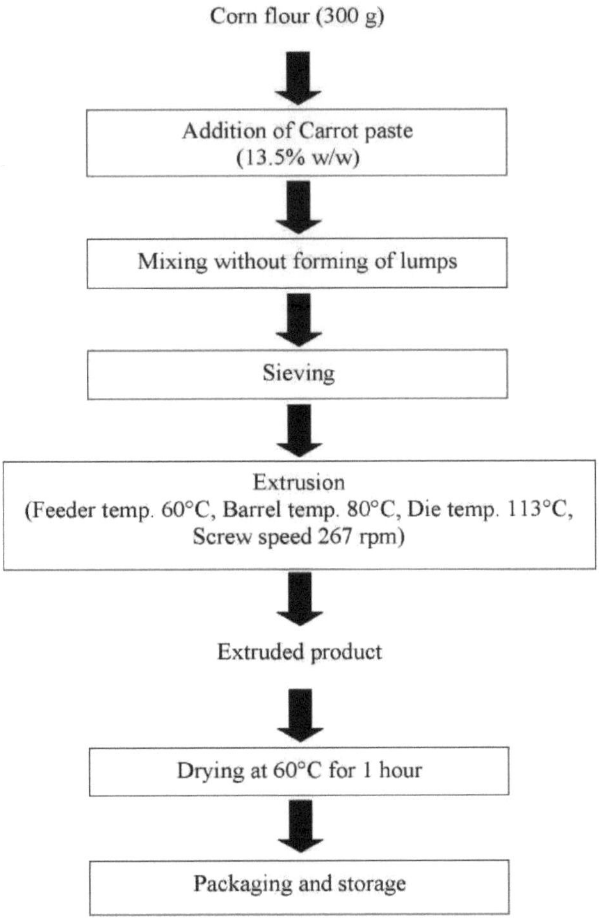

Fig. 4.97 Fluxograma de processo sugerido para a preparação de um produto extrudido misto de cenoura.

CAPÍTULO 5

RESUMO E CONCLUSÕES

O grão de milho é amplamente utilizado para a preparação de amido de milho, xarope de milho, óleo de milho, dextrose, flocos de milho, snacks extrudidos, etc. Existem muitas variedades de produtos alimentares à base de milho, tais como milho tufado, batatas fritas de milho, sopas de milho, bebidas de milho, nozes de milho, pipocas, etc., que são consumidos pelas pessoas. Os aperitivos extrudidos são um segmento crescente do mercado à base de milho. O milho/grão de milho é um dos materiais mais populares utilizados na produção de alimentos cozinhados por extrusão. A tecnologia de cozedura por extrusão é utilizada na indústria alimentar para a produção de vários tipos de alimentos, tais como snacks, cereais instantâneos, alimentos para bebés, cereais de pequeno-almoço, proteína vegetal texturizada, pão estaladiço, etc. A cozedura por extrusão é um processo de curta duração, alta temperatura e alto cisalhamento. Normalmente, o material alimentar seco e granulado com amido é introduzido no cilindro da extrusora, onde é forçado por parafusos em espiral rotativos a partir de um pequeno orifício. À medida que o produto sai da matriz, normalmente a cerca de 120 ° C, a água residual no amido derretido expande-se em vapor, formando uma espuma estaladiça de baixa densidade. O processo de extrusão é efectuado em dispositivos conhecidos como extrusoras. Os produtos sofrem gelatinização do amido, pelo que os extrudados já estão pré-cozinhados e não necessitam de cozedura adicional.

A geometria da extrusora, as condições do processo e a composição da mistura alimentar interagem para provocar várias modificações físicas, químicas e nutricionais dos constituintes alimentares. Embora o amido de milho forneça todas as caraterísticas para a produção de snacks extrudidos altamente aceitáveis, o seu valor nutricional está longe de satisfazer as necessidades dos consumidores preocupados com a saúde. A prevenção ou redução da destruição de nutrientes, juntamente com melhorias na digestibilidade do amido ou das proteínas, é claramente importante na maioria das aplicações de extrusão. A preocupação nutricional com a cozedura por extrusão atinge o seu nível mais elevado quando a extrusão é utilizada especificamente para produzir alimentos nutricionalmente equilibrados ou enriquecidos, como alimentos de desmame, alimentos dietéticos e substitutos de carne. Os resíduos de fruta e vegetais são baratos, disponíveis em grandes quantidades, caracterizados por um elevado teor de fibra alimentar resultante de uma elevada capacidade de ligação à água e de uma matéria orgânica digerível por enzimas relativamente baixa. Vários investigadores utilizaram subprodutos de frutos e vegetais, tais como maçã, pera, laranja, pêssego, groselha, cereja, alcachofra, espargos, cebola e bagaço de cenoura como fontes de suplementos de fibra alimentar em alimentos refinados. A cenoura é um vegetal de raiz, geralmente de cor laranja, roxa, vermelha, branca ou amarela, com uma textura estaladiça quando fresca. É uma fonte rica de caroteno e contém outras vitaminas, como a tiamina, a riboflavina, a vitamina do complexo B e minerais.

Tendo em conta estes factos, o presente trabalho de investigação foi realizado para normalizar a tecnologia do processo de extrusão de snacks à base de milho com adição de pedaços de cenoura, com os seguintes objectivos

Desenvolver um produto extrudido adicionado de pedaços de cenoura.

Estudar o efeito de parâmetros operacionais e de alimentação em diferentes parâmetros de qualidade e sensoriais de produtos extrudidos adicionados de pedaços de cenoura.

Otimizar os parâmetros do processo de preparação de produtos extrudidos com pedaços de cenoura.

A farinha de milho e a cenoura necessárias para a realização do trabalho de investigação foram compradas no mercado local de Junagadh. A cenoura foi descascada e cortada em pedaços. Depois disso, a pasta é feita com um moinho misturador. As caraterísticas físicas, *nomeadamente o* teor de humidade, foram estudadas tanto para a farinha de milho como para a pasta de cenoura. Para o determinar, foram seguidas as técnicas e os procedimentos habituais.

O processo de extrusão é efectuado na extrusora de duplo parafuso BTPL Laboratory. A farinha de milho foi pesada em cerca de 400 gm. A farinha é incorporada com a pasta de cenoura pesada de acordo com o nível mencionado pelo software. Ambas são bem misturadas e peneiradas. Esta mistura é então introduzida no alimentador da máquina de extrusão. A temperatura do barril e a temperatura do alimentador foram mantidas constantes durante todo o processo, enquanto a temperatura da matriz e a velocidade do parafuso foram alteradas de acordo com o tratamento mencionado. O produto extrudido foi então recolhido e seco num secador de tabuleiro de laboratório. O produto seco é então embalado em sacos PP e armazenado. A amostra de controlo é preparada sem adição de pasta de cenoura à farinha.

As caraterísticas físicas e da máquina, *nomeadamente* o binário da máquina, o caudal mássico, o teor de humidade (%w.b.), o índice de absorção de água, o índice de solubilidade da água, a capacidade de absorção de óleo, a densidade aparente, a densidade real, a taxa de reidratação, a taxa de expansão e a capacidade de retenção de água dos produtos extrudidos de cada tratamento são determinadas de acordo com as técnicas e os procedimentos normalizados. Os produtos foram também avaliados quanto às suas caraterísticas sensoriais, *nomeadamente* o aspeto, o sabor, a dureza, a mastigação e a aceitabilidade global, de acordo com o método da escala hedónica de 9 pontos.

A metodologia de superfície de resposta (RSM) foi utilizada na conceção da experiência. Foi utilizado um desenho Box-Behnken de três factores e três níveis com um modelo quadrático (1) para estudar o efeito combinado de três variáveis independentes, a *saber*, a temperatura da matriz, a velocidade do parafuso e o nível da cenoura, em diferentes variáveis de resposta, (2) para criar modelos entre as variáveis e (3) para determinar o efeito destas variáveis para otimizar as variáveis de resposta selecionadas.

As conclusões mais importantes do inquérito são as seguintes.

O teor médio de humidade da farinha de milho e da pasta de cenoura foi de 5,60 % (p.a.) e 88,08 % (p.a.), respetivamente.

A máquina média e as caraterísticas físicas da amostra sem mistura de cenoura (controlo), *nomeadamente* o binário da máquina, o caudal mássico, o teor de humidade, o índice de absorção de água, o índice de solubilidade da água, o índice de absorção de óleo, a densidade aparente, a densidade real, a taxa de reidratação, a taxa de expansão e a capacidade de retenção de água foram de 10.67 Nm, 1.86 g/sec, 8.71 % (w.b.), 5.26 %, 14.01 g/g, 0.68 g/g, 86.17 kg/m^3 , 555.81 kg/m^3 , 5.74 g/g, 13.15 e 352.2 % respetivamente.

As caraterísticas sensoriais médias da amostra controlada, *nomeadamente* o aspeto, a dureza, o sabor, a mastigação e a aceitabilidade global, foram de 7,41, 7,17, 6,75, 7,42 e 7,22, respetivamente.

O binário máximo da máquina (10,527 Nm) do produto extrudido com adição de pasta de cenoura foi obtido à temperatura da matriz, 111,78 °C e velocidade do parafuso, 300 rpm, mantendo o nível de cenoura constante, ou seja, 15 %. Mantendo a velocidade do parafuso constante, ou seja, 250 rpm, o binário máximo da máquina (10,34 Nm) foi obtido à temperatura do molde, 107,97 °C e nível de cenoura, 14,56 %. Mantendo a temperatura do molde constante, ou seja, 110 °C, o binário máximo da máquina (10,54 Nm) foi obtido à velocidade do parafuso, 300 rpm, e ao nível da cenoura, 14,55 %.

O caudal mássico máximo (2,6 g/seg.) do produto extrudido com adição de pasta de cenoura foi obtido à temperatura da matriz, 90 °C, e à velocidade do parafuso, 200 rpm, mantendo o nível de cenoura constante, ou seja, 15 %. Mantendo a velocidade do parafuso constante, ou seja, 250 rpm, o caudal mássico máximo (2,17 g/seg.) foi obtido à temperatura do molde, 104,06 °C, e ao nível de cenoura, 15,67 %. Mantendo a temperatura do molde constante, ou seja, 110 °C, o caudal mássico máximo (2,438 g/seg.) foi obtido à velocidade do parafuso, 200 rpm, e ao nível da cenoura, 15,53 %.

O teor máximo de humidade (7,23 % (w.b.)) do produto extrudido com adição de pasta de cenoura foi obtido à temperatura da matriz, 110,95 °C e velocidade do parafuso, 283,097 rpm, mantendo o nível de cenoura constante, ou seja, 15 %. Mantendo a velocidade do parafuso constante, ou seja, 250 rpm, o teor máximo de humidade (5,45 % (p.b.)) foi obtido à temperatura do molde, 112,443 °C e nível de cenoura, 12 %. Mantendo a temperatura da matriz constante, ou seja, 110 °C, o teor máximo de humidade (5,29 % (p.b.)) foi obtido à velocidade do parafuso, 285,227 rpm e nível de cenoura, 12 %.

O índice máximo de absorção de água (5,72 %) do produto extrudido com adição de pasta de cenoura foi obtido à temperatura da matriz, 117,55 °C e velocidade do parafuso, 200 rpm, mantendo o nível de cenoura constante, ou seja, 15 %. Mantendo a velocidade do parafuso constante, ou seja, 250 rpm, o índice máximo de absorção de água (5,67%) foi obtido à temperatura da matriz, 108,64 °C e nível de cenoura, 18%. Mantendo-se a temperatura do molde constante, ou seja, 110 °C, o índice máximo de absorção de água (5,74 %) foi obtido a uma velocidade de rosca de 200 rpm e a um nível de cenoura de 18 %.

O índice máximo de solubilidade em água (23,789 g/g) do produto extrudido com adição de pasta de cenoura foi obtido à temperatura da matriz, 109,295 °C e velocidade do parafuso, 300 rpm, mantendo o nível de cenoura constante, ou seja, 15 %. Mantendo a velocidade do parafuso constante, ou seja, 250 rpm, o índice máximo de solubilidade em água (23,85 g/g) foi obtido à temperatura da matriz, 112,142 °C e nível de cenoura, 12 %. Mantendo a temperatura do molde constante, ou seja, 110 °C, o índice máximo de solubilidade em água (24,77 g/g) foi obtido a uma velocidade de rosca de 300 rpm e a um nível de cenoura de 12,23 %.

A capacidade máxima de absorção de óleo (0,97 g/g) do produto extrudido com adição de pasta de cenoura foi obtida à temperatura da matriz, 118,98 °C e velocidade do parafuso, 231,79 rpm, mantendo o nível de cenoura constante, ou seja, 15 %. Mantendo a velocidade do parafuso constante, ou seja, 250 rpm, a capacidade máxima de absorção de óleo (1,019 g/g) foi obtida à temperatura da matriz, 104,267 °C e nível de cenoura, 12,33 %. Mantendo a temperatura do molde constante, ou seja, 110 °C, a capacidade máxima de absorção de óleo (0,99 g/g) foi obtida à velocidade do parafuso, 227,88 rpm e nível de cenoura, 13,02 %.

A densidade aparente mínima (113,34 kg/m^3) do produto extrudido com adição de pasta de cenoura foi obtida à temperatura da matriz, 113,27 °C e velocidade do parafuso, 272,20 rpm, mantendo o nível de cenoura constante, ou seja, 15 %. Mantendo a velocidade do parafuso constante, ou seja, 250 rpm, a densidade aparente mínima (60,98 kg/m^3) foi obtida à temperatura da matriz, 113,33 °C e nível de cenoura, 12 %. Mantendo a temperatura do molde constante, ou seja, 110 °C, a densidade aparente mínima (56,89 kg/m^3) foi obtida à velocidade do parafuso, 282,102 rpm e nível de cenoura, 12 %.

A densidade real máxima (704,131 kg/m^3) do produto extrudido com adição de pasta de cenoura foi obtida à temperatura da matriz, 90 °C e velocidade do parafuso, 300 rpm, mantendo o nível de cenoura constante, ou seja, 15 %. Mantendo a velocidade do parafuso constante, ou seja, 250 rpm, a densidade real (723,06 kg/m^3) foi obtida à temperatura da matriz, 90 °C e nível de cenoura, 18 %. Mantendo a temperatura do molde constante, ou seja, 110 °C, a densidade real máxima (698,269 kg/m^3) foi obtida à velocidade do parafuso, 300 rpm e nível de cenoura, 18 %.

O rácio de reidratação máximo (3,49 %) do produto extrudido com adição de pasta de cenoura foi obtido à temperatura da matriz, 113,392 °C e velocidade do parafuso, 299,74 rpm, mantendo o nível de cenoura constante, ou seja, 15 %. Mantendo a velocidade do parafuso constante, ou seja, 250 rpm, o rácio de reidratação máximo (5,82%) foi obtido à temperatura da matriz, 115,949 °C e nível de cenoura, 12%. Mantendo a temperatura do molde constante, ou seja, 110 °C, a taxa máxima de reidratação (6,69 %) foi obtida à velocidade do parafuso, 300 rpm e nível de cenoura, 12 %.

O rácio de expansão máximo (4,216 mm/mm) do produto extrudido com adição de pasta de cenoura foi obtido à temperatura da matriz, 112,205 °C e velocidade do parafuso, 267,84 rpm, mantendo o nível de cenoura constante, ou seja, 15 %. Mantendo a velocidade do parafuso constante, ou seja, 250 rpm, o rácio de expansão máximo (4,809 mm/mm) foi obtido à temperatura da matriz, 112,682 °C e nível de cenoura, 12 %. Mantendo a temperatura do molde constante, ou seja, 110 °C, a taxa de expansão máxima (4,86 mm/mm) foi obtida à velocidade do parafuso, 272,159 rpm e nível de cenoura, 12 %.

A capacidade máxima de retenção de água (429,58 %) do produto extrudido com adição de pasta de cenoura foi obtida à temperatura da matriz, 120,88 °C e velocidade do parafuso, 200 rpm, mantendo o nível de cenoura constante, ou seja, 15 %. Mantendo a velocidade do parafuso constante, ou seja

250 rpm, a capacidade máxima de retenção de água (396,394 %) foi obtida à temperatura da matriz, 113,04 °C e nível de cenoura, 15,04 %. Mantendo-se constante a temperatura da matriz, ou seja, 110 °C, a capacidade máxima de retenção de água (424,804 %) foi obtida a uma velocidade de rosca de 300 rpm e a um nível de cenoura de 14,66 %.

A pontuação mais alta de sabor (6,25) do produto extrudido com adição de pasta de cenoura foi obtida à temperatura da matriz, 113,33 °C e velocidade do parafuso, 252,98 rpm, mantendo o nível de cenoura constante, ou seja, 15 %. Mantendo a velocidade do parafuso constante, ou seja, 250 rpm, a maior pontuação de sabor (7,06) foi obtida à temperatura da matriz, 111,91 °C e nível de cenoura, 12%. Mantendo a temperatura do molde constante, ou seja, 110 °C, o sabor mais elevado (7,09) foi obtido à velocidade do parafuso, 267,84 rpm, e o teor de cenoura, 12 %.

A pontuação mais alta de aparência (7,54) do produto extrudido com adição de pasta de cenoura foi obtida à temperatura da matriz, 113,04 °C e velocidade do parafuso, 256,747 rpm, mantendo o nível de cenoura constante, ou seja, 15 %. Mantendo a velocidade do parafuso constante, ou seja, 250 rpm, a pontuação mais alta de aparência (8,31) foi obtida à temperatura da matriz, 111,43 °C e nível de cenoura, 12 %. Mantendo-se a temperatura do molde constante, ou seja, 110 °C, obteve-se o resultado mais elevado (8,31) à velocidade do parafuso, 253,58 rpm, e o teor de cenoura, 12 %.

O valor mais alto de dureza (6,78) do produto extrudido com adição de pasta de cenoura foi obtido à temperatura da matriz, 115,78 °C e velocidade do parafuso, 262,89 rpm, mantendo o nível de cenoura constante, ou seja, 15 %. Mantendo a velocidade do parafuso constante, ou seja, 250 rpm, o valor mais alto de dureza (8,07) foi obtido à temperatura da matriz, 114,34 °C e nível de cenoura, 12 %. Mantendo a temperatura do molde constante, ou seja, 110 °C, o valor mais elevado de dureza (7,99) foi obtido à velocidade do parafuso, 253,438 rpm e nível de cenoura, 12 %.

A pontuação mais elevada de mastigabilidade (6,70) do produto extrudido com adição de pasta de cenoura foi obtida à temperatura da matriz, 112,86 °C e velocidade do parafuso, 258,736 rpm, mantendo o nível de cenoura constante, ou seja, 15 %. Mantendo a velocidade do parafuso constante, ou seja, 250 rpm, a pontuação mais alta de mastigabilidade (7,26) foi obtida à temperatura da matriz, 110,95 °C e nível de cenoura, 12 %. Mantendo-se a temperatura do molde constante, ou seja, 110 °C, a pontuação mais alta de mastigabilidade (7,27) foi obtida na velocidade do parafuso, 259,97 rpm e nível de cenoura, 12 %.

A pontuação mais elevada de aceitabilidade global (7,27) do produto extrudido com adição de pasta de cenoura foi obtida à temperatura da matriz, 113,98 °C e velocidade do parafuso, 258,93 rpm, mantendo o nível de cenoura constante, ou seja, 15 %. Mantendo a velocidade do parafuso constante, ou seja, 250 rpm, a pontuação mais alta de aceitabilidade geral (8,17) foi obtida à temperatura da matriz, 113,04 °C e nível de cenoura, 12 %. Mantendo a temperatura do molde constante, ou seja, 110 °C, a pontuação mais elevada de aceitabilidade global (8,15) foi obtida à velocidade do parafuso, 256,108 rpm e nível de cenoura, 12 %.

Os modelos foram derivados para as caraterísticas mecânicas, físicas e sensoriais do produto extrudido com adição de pasta de cenoura.

As condições óptimas de tratamento foram as seguintes: temperatura da matriz de 113 °C, velocidade do parafuso de 267 rpm e nível de cenoura de 13,5%. A análise mostrou que, com esta combinação de temperatura da matriz, velocidade do parafuso e nível de cenoura, seria possível produzir um produto extrudido com um caudal mássico de 2,02 g/seg, teor de humidade de 6,27%

(wb), índice de absorção de água de 5,47 g/g, índice de solubilidade em água de 23,99%, capacidade de absorção de óleo de 0.98 g/g, densidade aparente de 87,82 kg/m^3 , densidade real de 590,32 kg/m^3 , rácio de reidratação de 4,55, rácio de expansão de 4,51, capacidade de retenção de água de 394,66, pontuação de sabor de 6,60, pontuação de aparência de 7,94, pontuação de dureza de 7,36, pontuação de mastigabilidade de 7,00 e pontuação de aceitabilidade global de 7,69 com uma desejabilidade de 0,709.

BIBLIOGRAFIA

Ainsworth, P., Ibanoglu, S., Plunkett, A., Ibanoglu, E., &Stojceska, V. (2007). Efeito da adição de grão usado de cerveja e da velocidade da rosca nas propriedades físicas e nutricionais selecionadas de um snack extrudido. Jornal de Engenharia Alimentar, 81, 209702.

Ali, Y.; Hanna, M.A. e R. Chinnaswamy. 1996. Caraterísticas de expansão de grãos de milho extrudidos. Lebensm.-Wiss.u.-Technol, 29(8):702-707.

Altan, A., McCarthy, K. L., &Maskan, M. (2008a). Avaliação de snacks a partir de misturas de bagaço de cevada e tomate por processamento por extrusão. Journal of Food Engineering, 84, 231-242.

Altan, A., McCarthy, K. L., &Maskan, M. (2009). Effect of extrusion cooking on functional properties and in vitro starch digestibility of barley-based extrudates from fruit and vegetable by-products. Journal of Food Science, 74, E77-E86.

Anónimo (2016). Direção de Economia e Estatística, Ministério da Agricultura e do Bem-Estar dos Agricultores, Índia.

Anónimo, 2017. Origem do milho. http://cornindia.com/importance-and-utilization- of-maize. Acedido em 21 Ago., 2017.

AOAC (2000) Métodos Oficiais de Análise, 17ª Ed. Association of Official Analytical Chemists, Inc. Washington, EUA.

Askar, A. e Treptow, H. (ed) 1993. Total soluble solids. In: Quality Assurance in Tropical Fruit Processing. Spinger Laboratory, Nova Iorque, 9-10.

Barrett, A.H. e Peleg, M. 1992. Relações entre a estrutura celular e a textura do extrudado. J. Food Sci. 57(5): 1253-1257

Bouzaza, D., Arhaliass, A., Bouvier, J.M., 1996. Conceção da matriz e expansão da massa em processos de cozedura por extrusão de baixa humidade. Jornal de Engenharia Alimentar 29 (2), 139152.

Brennan, M. A., Derbyshire, E., Tiwari, B. K., & Brennan, C. S. (2013). Produtos de snacks prontos a comer: o papel da tecnologia de extrusão no desenvolvimento de snacks nutritivos e aceitáveis para o consumidor. Jornal Internacional de Ciência e Tecnologia Alimentar, 48, 893902.

Brennan, M. A., Monro, J. A., & Brennan, C. S. (2008). Efeito da inclusão de fibras solúveis e insolúveis em produtos de cereais de pequeno-almoço extrudidos feitos com configuração de rosca inversa. Jornal Internacional de Ciência e Tecnologia Alimentar, 43, 2278-2288

Chaiyakul, S., Jangchud, K., Jangchud, A., Wuttijumnong, P., e Winger, R. Effect of extrusion conditions on physical and chemical properties of high protein glutinous rice-based snack. Food

Science and Technology, 2008; 42(3); 781-787.

Chakraborty, C. & Banerjee, S. (2009). Otimização do processo de extrusão para a produção de produto expandido a partir de grama verde e arroz por metodologia de superfície de resposição, Journal of Scientific and Industrial Research, 68, 140-148.

Cheftel, J.C. (1986). Efeitos nutricionais da cozedura por extrusão. Food Chemistry, 20, 263-283.

Conti-Silva, A. C., Bastos, D. H. M., & Areas, J. A. G. (2012). Os efeitos das condições de extrusão e da adição de compostos voláteis e intensificadores de sabor ao grão de milho na retenção dos compostos voláteis e na textura dos extrudados. International Journal of Food Science and Technology, 47, 1896-1902.

Dehghan-Shoar, Z., Hardacre, A. K., & Brennan, C. S. (2010). As caraterísticas físico-químicas de snacks extrudidos enriquecidos com licopeno de tomate. Food Chemistry, 123, 1117-1122.

Deshpande, H. W. e Poshadri, A. (2011); Caraterísticas físicas e sensoriais de snacks extrudidos preparados a partir de farinhas compostas à base de painço Foxtail; International Food Research Journal 18: 751-756.

Diaz Jose MartinRamos, SuuronenJussi-Petteri, DeeganKevin C, TuorilaHely, KirsiJouppila, SerimaaRitva (2015); Physical and sensory characteristics of cornbased extruded snacks containing amaranth, quinoa and kaniwa flour; LWT - Food Science and Technology; 64 (2); 1047-1056.

Enciclopédia Britânica (1996). Ceral processing : As camadas exteriores e as estruturas internas de um grão de milho. Disponível em https://www.britannica.com/topic/cereal-processing/images-videos, Acedido em 10-12-2017.

Euromonitor International. 2001. Relatório: Savory snacks market in the US. Euromonitor International, Chicago, IL.

Fan, J., Mitchell J.R. e Blanchard, J.M.V. 1996. O efeito dos açúcares na extrusão de grãos de milho: O papel da transição vítrea na determinação da densidade e forma do produto. International Journal of Food Science and Technology 31: 55-65.

Fast R.B. e Caldwell E.F. Breakfast Cereals and How they are made (2000), American Association of Cereal Chemists, St.

Fast, R.B., 1990. Tecnologia de fabrico de cereais prontos a comer. Em: Fast, R.B., Caldwell, F.E. (Eds.), Breakfast Cereals and How they are made. American Association of Cereal Chemist Inc., St. Paul, pp. 15

Frame, N. D. (1999). The Technology of Extrusion Cooking. Nova Iorque: Aspen Publishers, Inc.

Grenus, K. M., Hsieh, F. e Huff, H. E. (1993); Extrusion and extrudate properties of rice flour; Journal of food engineering; 18; 229-245.

Guha, M., & Ali, S. Z. (2002). Degradação molecular do amido durante a cozedura do arroz por extrusão. International Journal of Food Properties, 5, 509-521.

Guy, R. (2001) Extrusion Cooking, Technologies and Applications, CRC Press Inc., Boca Ration, FL.

Guy, R. (2001). Cozedura por extrusão: tecnologias e aplicações. EUA: Woodhead Publishing in Food Science and Technology Ltd. CRC Press LLC.

Harper J.M., 1981. Extrusion of Foods, vol. I i II. CRC Press. Inc. Floryda USA.

Harper, J. M. (1979). Food extrusion. CRC - Critical Reviews in Food Science and Nutrition, 11, 155-215.

Harper, J.M. (1978). "Extrusão de alimentos". Revisões Críticas em Ciência Alimentar e Nutrição. 11 (2): 155-215.

Harper, J.M. (1989). Extrusoras de alimentos e suas aplicações. Em Extrusion Cooking. Mercier, C.; Linko, P. e Harper, J. M. (Eds.), MN: Associação Americana de Químicos de Cereais, Inc., pp.1-16.

Ilo, S., & Berghofer, E. (1999). Cinética das alterações de cor durante a cozedura por extrusão de grãos de milho. Journal of Food Engineering, 39, 73-80.

Janssen, L.P.B.M. e Smith, J.M. (1979) A comparison between single and twin screw extruders. Actas da 1ª. Conferência sobre Extrusão de Polímeros. Instituto de Plásticos e Borracha, Londres, junho, pp. 91-99.

Jurga R., 2012. Przetwory z kukurydzyuzyskanemetod^ekstruzji. Przegl^dZbozowo - Mlynarski, 2, 7-9.

Karwe M V., 2009; Food Extrusion; Journal of Food Engineering, 3.

Karwe, Mukund V. (2008). "Extrusão de alimentos". Engenharia Alimentar. 3. Oxford Eolss Publishers Co Ltd

Khuri, A. I. e Cornell, J. A. 1987. Response surface design and analysis. Marcel Dekker, Inc., Nova Iorque.

Killeit, U. (1994). Retenção de vitaminas na cozedura por extrusão. Food Chemistry, 49, 149155.

Kokini, J. L., Ho, C-T., & Karwe, M. V. (1991). Food Extrusion Science and Technology. EUA: Marcel Dekker.

Lai, L. S., & Kokini, J. L. (1991). Alterações físico-químicas e propriedades reológicas do amido durante a extrusão (uma revisão). Biotechnology Progress, 7, 251-266.

Li, M. e T. C. Lee. 1996. Efeito da cisteína nas propriedades funcionais e microestruturas dos extrudados de farinha de trigo. J. of Agric. Food Chem. 44(7):1871-1880.

Linko, P., Colonna, P., & Mercier, C. (1981). HTST-extrusão de materiais à base de cereais. In: Avanços em Ciência e Tecnologia de Cereais, AACC, 4, 145-235.

Liu, Y., Hsieh, F., Heymann, H., & Huff, H. E. (2000). Efeito das condições do processo nas propriedades físicas e sensoriais do folhado extrudido de aveia e milho. Journal of Food Science, 65, 1253-1259.

Liu, Y.; Hsieh, F.; Heymann, H. e H.E. Huff. 2000. Effect of processing conditions on the physical and sensory properties of extruded oat-corn puff. Journal of Food Science 65(7):1253-1259.

Lue, S., Hsieh, F., & Huff, H. E. (1991). Cozedura por extrusão de farinha de milho e fibra de beterraba sacarina: efeitos nas propriedades de expansão, gelatinização do amido e teor de fibra alimentar. Cereal Chemistry, 68, 227e234.

Mendonça, S., Grossmann, M. V. E., &Verhe, R. (2000). Farelo de milho como fonte de fibra em snacks expandidos. Lebensmittel-Wissenschaft und-Technologie, 33(1), 2e8.

Mercier C., Linko P., Harper J.M., 1998. Extrusion Cooking, St. Paul, American Association of Cereal Chemists, Inc., EUA.

Mercier, C., & Feillet, P. (1975). Modificação do componente de hidratos de carbono por cozedura por extrusão de produtos de cereais. Cereal Chemistry, 52, 283-297.

Miller, R. (1993). Snack Food Extrusion. Publicação do US Feed Grains Council.

Mitrus M., Oniszczuk T., Moscicki M., 2011. Alterações da energia mecânica específica durante a cozedura por extrusão da fécula de batata. Comissão TEKA de Motorização e Energética na Agricultura 11C, 200-207.

Montgomery, D. C. 2001. Conceção e análise de experiências, Wily, Nova Iorque, pp. 416-419.

Moraru, C. I, & Kokini, J. L. (2003). Nucleação e expansão durante a extrusão e aquecimento por micro-ondas de alimentos à base de cereais. Comprehensive Reviews in Food Science and Food Safety, 2, 147-165.

Moscicki L. e Zuilichem Dick J Van, 2011; Técnicas de cozedura por extrusão: Aplicação, Teoria e Sustentabilidade

Moscicki L., Mitrus M., Wojtowicz A., 2007. Technikaekstruzji w przemyslerolno- spozywczym. PWRiL Warszawa.

Moscicki, L., Mitrus, M., e Wojtowicz, A. (2007) Technikaekstruzji w przetworstwierolno-spozywczym (em polaco) _ ,PWRiL, Warszawa.

Myres, R. H. 1976. Response Surface Methodology, Department of Statistics, Virginia Polytechnic Institute and State University, Blacksburg, Virginia, distribuído por Edwards Brothers, Inc., Ann Arbor, Michigan.

Naz S., Siddigi R., Sheikh H., Sayeed S.A., 2005. Deterioração dos óleos de azeitona, milho e soja devido ao ar, à luz, ao calor e à fritura. Food Research International 38, 2, 127-134.

Pansawat, N., Jangchud, K., Jangchud, A., Wuttijumnong, P., Saalia, F. K., Eitenmiller, R. R. & Phillips, R. D. (2008). Efeitos das condições de extrusão nas variáveis secundárias de extrusão e nas propriedades físicas de peixe, snacks à base de arroz. LWT-Ciência e Tecnologia Alimentar, 41, 632-641

Patil, R. T., De Berrios, J. J., Tang, J., Pan, J., & Swanson, B. (2005). Caraterísticas físicas dos extrudados alimentares - uma revisão. Reunião Internacional Anual da ASAE 2005, 17.

Pinto, G. e Tadmor, Z. (1970) Mixing and residence time distribution in melt screw extruders. Polvm. Eng. Sci., 10, 279-288.

Plahar, W.A., OnumaOkezie, B. &Gyato, C.K. (2003). Desenvolvimento de um alimento de desmame rico em proteínas por cozedura por extrusão utilizando amendoim, milho e soja. Plant Foods for Human Nutrition, 58, 1-12.

Potter Ruth, StojceskaValentina, PlunkettAndrew (2013); The use of fruit powders in extruded snacks suitable for Children's diets; LWT - Food Science and Technology; 51 (2); 537-544.

Q.B. Ding, A. Paul, A. Plunkett, G. Tucker, e H. Marson, "The effect of extrusion conditions on the functional and physical properties of wheat based expanded snacks", J. Food Engg., vol. 73, pp. 142-148, 2006.

Rampersad, R., Badrie, N., &Comissiong, E. (2003). Physico-chemical and sensory characteristics of flavoured snacks from extruded cassava/pigeonpea flour, Journal of Food Science, 68, 363-367.

Reddy M. Kavya, Kuna Aparna , Lakshmi Devi N., Krishnaiah N., Kaur Charanjit, Nagamalleswari Y. (2014); Desenvolvimento de snacks extrudidos prontos a comer (RTE) utilizando milho, grama preta, raízes e misturas de farinha de tubérculos; Journal of Food Science and Technology; 51 (9); 1929-1937.

Riaz, Mian N. (2000). Extruders in Food Applications. CRC Press. p. 193.

Saini C. S. 2015; Preparação de produto extrudido à base de farinha de milho e avaliação das suas caraterísticas físicas; Academia Mundial de Ciência, Engenharia e Tecnologia; Vol:9; 8

Sebastian, R. S., Cleveland, L. E., & Goldman, J. D. (2008). Effect of snacking frequency on adolescents' dietary intakes and meeting national recommendations (Efeito da frequência dos lanches na ingestão alimentar dos adolescentes e no cumprimento das recomendações nacionais). Journal of Adolescent Health, 42, 503-511.

Shah T R, Prasad K, Kumar P (2015). Milho - Uma fonte potencial de nutrição e saúde humana: A review, Cogent Food and Agriculture, 2,

Singh S., Gamlath S., Wakeling L., 2007. Aspectos nutricionais da extrusão de alimentos: uma revisão. Jornal Internacional de Ciência e Tecnologia Alimentar 42, 916-929.

Singh, N., Singh, B., Sandhu, K.S., Bawa, A.S. e Sekhon, K.S. 1996. Comportamento de extrusão de misturas de trigo, arroz e batata. Journal of Food Science and Technology 33 (4): 291-294.

Singh, S., Gamlath, S., &Wakeling, L. (2007). Aspectos nutricionais da extrusão de alimentos: uma revisão. Jornal Internacional de Ciência e Tecnologia Alimentar, 42, 916-929.

Singh, S., Gamlath, S., e Wakeling, L. Aspectos nutricionais da extrusão de alimentos: uma revisão. Jornal Internacional de Ciência e Tecnologia Alimentar, 2007; 42(8); pp. 916929.

Tjahjadi, C; Lin, S. e W. M. Breene. 1988. Isolamento e caraterização da proteína do feijão adzuki. Journal of Food Science. 53, 1438-1443.

Van Zuilichem, D.J. (1992) Extrusion Cooking. Artesanato ou ciência? Tese de doutoramento, Universidade de Wageningen, Países Baixos.

Verónica, A. O., Olusola, O. O., &Adebowale, E. A. (2006). Qualidades de snacks tufados extrudidos a partir de uma mistura de milho/soja. Jornal de Engenharia de Processamento de Alimentos, 29, 149-161.

Wayne Smith, C. (2004). Layers and structure of corn kernel; Milho: origem, história, tecnologia e produção; 288.

Wilson, D.E. e R.E Tribelhom. Panelas de extrusão de baixo custo. Actas do Segundo Workshop Internacional (Relatório 7 do LEC), Dar es Salaam, Tanzânia. janeiro, 15-18,1979.

WojtowiczA ., 2008.

Wplywnawilzaniasurowcoworazparametrowprocesuekstruzjinawybranecechyzbozowychkaszekblyskawicznych. ActaAgrophysica 11(2), 545-56.

Yagci, S. &Gogu§, F., (2008). Metodologia de superfície de resposta para avaliação das propriedades físicas e funcionais de snacks extrudidos desenvolvidos a partir de subprodutos alimentares. Jornal de Engenharia Alimentar, 86, 122-132.

Yagci, S., & Gogus, F. (2009). Efeito da incorporação de vários subprodutos alimentares em algumas propriedades nutricionais de alimentos extrudidos à base de arroz. Food Science and Technology International, 15, 571-581.

Yanniotis, S., Petraki, A., &Soumpasi, E. (2007). Efeito da pectina e das fibras de trigo nos atributos de qualidade do amido de milho extrudido. Jornal de Engenharia Alimentar, 80, 594599.

Zielinski, H., Michalska, A., Piskula, M. K., &Kozlowska, H. (2006). Antioxidantes em grumos de trigo sarraceno tratados termicamente. Molecular Nutrition & Food Research,

50, 824832.

Serena A, Knudsen B (2007). Caracterização química e físico-química de coprodutos de alimentos vegetais e agro-indústrias. Anim. Feed Sci. Technol. 139:109124.

S.G. Walde, R.G. Math, A. Chakkarvarthi, D.G. Rao. Preservação de cenouras por técnicas de desidratação - Uma revisão. Indian Food Packer, 46, 37-42, 1992.

Apêndice - A

Ficha de avaliação sensorial (para esclarecimento)
Escala de classificação hedónica

Nome do produto: Produto extrudido misto de cenouraData :....................................

Nome e designação :..

Observar o produto fornecido, provando-o e cheirando-o. Utilize a escala adequada para mostrar a sua atitude, assinalando o ponto que melhor descreve o seu sentimento em relação ao produto e escreva também para qualquer um dos defeitos presentes descritos abaixo. Uma expressão honesta dos seus sentimentos pessoais ajudar-me-á.

Sr. No.	Sensory parameter → / Sample code ↓	Appearance (9)	Hardness (9)	Taste (9)	Chewiness (9)	Overall acceptability (9)
1	A					
2	B					
3	C					
4	D					
5	E					
6	F					
7	G					
8	H					
9	I					
10	J					
11	K					
12	L					
13	M					
14	N					
15	O					
16	P					
17	Q					
18	R					
19	Control					

Judge the above characteristics on 1-9 scale.

Descrição da qualidade

Magnitude	Score	Magnitude	Score	Magnitude	Score
Like extremely	9	Like very much	8	Like moderately	7
Like slightly	6	Neither like nor dislike	5	Dislike slightly	4
Dislike moderately	3	Dislike very much	2	Dislike extremely	1

Observações (se for caso disso):

Assinatura do painelista

Apêndice - B

Caraterísticas físico-químicas dos frutos de figo-da-índia

(I) Caraterísticas dos frutos

Sr. No.	Weight				Percentage		
	Fruit	Pulp	Peel	Seed	Pulp	Peel	Seed
1	27.02	12.96	12.97	1.09	47.97	48	4.03
2	23.05	11.09	10.66	1.30	48.11	46.25	5.64
3	21.67	10.04	10.01	1.62	46.31	46.21	7.48
4	29.11	14.10	13.78	1.23	48.43	47.34	4.23
5	21.49	11.17	9.46	0.86	51.98	44.02	4.00
6	23.54	11.53	10.40	1.61	48.97	44.19	6.84
7	28.42	14.15	13.07	1.20	49.78	46	4.22
8	23.13	12.54	9.50	1.09	54.20	41.09	4.71
9	25.63	12.37	12.31	0.95	48.27	48.02	3.71
10	28.26	14.15	13.03	1.08	50.07	46.11	3.82
Av.	**25.13**	**12.41**	**11.52**	**1.20**	**49.41**	**45.72**	**4.87**
SD	**2.76**	**1.37**	**1.58**	**0.24**	**2.14**	**2.01**	**1.27**

(II) Caraterísticas da pasta

Sr. No.	Moisture content (%)	pH	Viscosity (cP)	TSS (°Brix)	Total soluble sugar (%)	Titratable acidity (%citric acid)	Ascorbic acid (mg/100ml)
1	87.45	5.123	44.38	11.4	10.03	0.741	9.23
2	86.01	4.971	43.56	11.5	10.71	0.694	9.42
3	86.35	5.084	44.16	11.7	10.81	0.792	9.09
4	87.12	4.973	43.11	11.6	9.94	0.825	9.53
5	86.17	5.118	43.05	11.5	10.18	0.676	9.62
Av.	**86.62**	**5.05**	**43.65**	**11.54**	**10.33**	**0.746**	**9.38**
SD	**0.56**	**0.07**	**0.54**	**0.10**	**0.36**	**0.06**	**0.19**

Apêndice - C

Valores previstos das caraterísticas físico-químicas dos sumos de figo-da-índia tratados com enzimas

Treatment No.	Independent Variables			Predicted value										
	Enzyme Conc. (X_1) (%)	Temp. (X_2) (°C)	Time (X_3) (min)	Juice yield (%)	Viscosity (cP)	Clarity (%T)	Turbidity (NTU)	TSS content (°Brix)	RSS (°Brix)	Total soluble sugar (%)	Titratable acidity (%citric acid)	Ascorbic acid (mg/100 ml)	Betalain content (mg/L of juice)	Colour index (abs)
1	0.026 (-1)	44 (-1)	84 (-1)	86.64	1.68	45.66	154.31	12.0	10.38	10.88	0.392	9.51	537.44	0.569
2	0.074 (1)	44 (-1)	84 (-1)	87.93	1.65	49.30	137.01	12.1	10.62	11.01	0.402	9.26	535.00	0.577
3	0.026 (-1)	56 (1)	84 (-1)	86.16	1.66	45.12	175.93	11.7	10.11	10.17	0.386	9.21	507.92	0.507
4	0.074 (1)	56 (1)	84 (-1)	87.32	1.68	41.53	167.63	11.9	10.37	10.87	0.393	8.89	511.47	0.495
5	0.026 (-1)	44 (-1)	156 (1)	87.66	1.64	48.87	127.91	12.2	10.69	11.28	0.397	8.97	533.63	0.597
6	0.074 (1)	44 (-1)	156 (1)	88.88	1.59	53.59	121.60	12.3	10.97	11.23	0.405	9.26	532.83	0.574
7	0.026 (-1)	56 (1)	156 (1)	87.08	1.62	48.76	138.52	12.0	10.45	10.38	0.399	8.60	524.21	0.541
8	0.074 (1)	56 (1)	156 (1)	88.17	1.63	46.27	141.22	12.2	10.75	10.92	0.403	8.82	529.40	0.500
9	0.01 (-1.682)	50 (0)	120 (0)	86.26	1.65	46.80	148.27	12.0	10.39	10.84	0.387	9.19	526.33	0.563
10	0.09 (1.682)	50 (0)	120 (0)	88.25	1.63	47.76	135.98	12.3	10.85	11.40	0.400	9.16	528.64	0.534
11	0.05 (0)	40 (-1.682)	120 (0)	88.04	1.63	47.23	135.79	11.9	10.47	10.81	0.401	9.33	534.32	0.606
12	0.05 (0)	60 (1.682)	120 (0)	87.04	1.65	40.61	170.46	11.6	10.06	9.95	0.394	8.70	506.62	0.491
13	0.05 (0)	50 (0)	60 (-1.682)	87.01	1.69	47.99	162.33	12.1	10.49	10.89	0.393	9.28	528.33	0.532
14	0.05 (0)	50 (0)	180 (1.682)	88.58	1.61	54.66	117.92	12.5	11.06	11.26	0.406	8.77	540.21	0.559
15	0.05 (0)	50 (0)	120 (0)	88.32	1.61	49.51	138.69	12.1	10.72	11.10	0.393	9.22	542.64	0.593
16	0.05 (0)	50 (0)	120 (0)	88.32	1.61	49.51	138.69	12.1	10.72	11.10	0.393	9.22	542.64	0.593
17	0.05 (0)	50 (0)	120 (0)	88.32	1.61	49.51	138.69	12.1	10.72	11.10	0.393	9.22	542.64	0.593
18	0.05 (0)	50 (0)	120 (0)	88.32	1.61	49.51	138.69	12.1	10.72	11.10	0.393	9.22	542.64	0.593
19	0.05 (0)	50 (0)	120 (0)	88.32	1.61	49.51	138.69	12.1	10.72	11.10	0.393	9.22	542.64	0.593
20	0.05 (0)	50 (0)	120 (0)	88.32	1.61	49.51	138.69	12.1	10.72	11.10	0.393	9.22	542.64	0.593

Apêndice - D

Pontuação prevista das caraterísticas sensoriais dos sumos de figos da índia tratados com enzimas

Treatment No.	Independent Variables			Predicted score (out of 9 scale)				
	Enzyme Conc. (X_1) (%)	Temp. (X_2) (°C)	Time (X_3) (min)	Appearance	Odour	Taste	Consistency	Overall acceptability
1	0.026 (-1)	44 (-1)	84 (-1)	7.8	7.6	6.4	8.1	7.1
2	0.074 (1)	44 (-1)	84 (-1)	8.2	7.7	6.5	8.2	7.4
3	0.026 (-1)	56 (1)	84 (-1)	7.3	6.9	6.2	7.5	6.6
4	0.074 (1)	56 (1)	84 (-1)	7.4	7.1	6.3	7.7	6.9
5	0.026 (-1)	44 (-1)	156 (1)	8.3	7.0	6.4	8.3	7.3
6	0.074 (1)	44 (-1)	156 (1)	8.6	7.3	6.6	8.4	7.6
7	0.026 (-1)	56 (1)	156 (1)	7.9	6.9	6.0	7.9	6.9
8	0.074 (1)	56 (1)	156 (1)	7.9	7.3	6.1	8.1	7.1
9	0.01 (-1.682)	50 (0)	120 (0)	8.1	7.0	6.3	8.1	6.9
10	0.09 (1.682)	50 (0)	120 (0)	8.5	7.5	6.5	8.4	7.3
11	0.05 (0)	40 (-1.682)	120 (0)	8.3	7.3	6.4	8.2	7.3
12	0.05 (0)	60 (1.682)	120 (0)	7.3	6.8	5.9	7.4	6.5
13	0.05 (0)	50 (0)	60 (-1.682)	7.4	7.6	6.5	7.8	7.2
14	0.05 (0)	50 (0)	180 (1.682)	8.3	7.2	6.4	8.3	7.5
15	0.05 (0)	50 (0)	120 (0)	8.6	7.7	6.6	8.5	7.6
16	0.05 (0)	50 (0)	120 (0)	8.6	7.7	6.6	8.5	7.6
17	0.05 (0)	50 (0)	120 (0)	8.6	7.7	6.6	8.5	7.6
18	0.05 (0)	50 (0)	120 (0)	8.6	7.7	6.6	8.5	7.6
19	0.05 (0)	50 (0)	120 (0)	8.6	7.7	6.6	8.5	7.6
20	0.05 (0)	50 (0)	120 (0)	8.6	7.7	6.6	8.5	7.6

MIX
Papier aus verantwortungsvollen Quellen
Paper from responsible sources
FSC® C105338

Printed by Books on Demand GmbH, Norderstedt / Germany